ISMシリーズ：進化する統計数理 6
The Institute of Statistical Mathematics

統計数理研究所 編
編集委員 樋口知之・中野純司・川崎能典

ロバスト統計

—外れ値への対処の仕方—

藤澤洋徳 著

近代科学社

◆ 読者の皆さまへ◆

平素より，小社の出版物をご愛読くださいまして，まことに有り難うございます．

㈱近代科学社は 1959 年の創立以来，微力ながら出版の立場から科学・工学の発展に寄与すべく尽力してきております．それも，ひとえに皆さまの温かいご支援があってのものと存じ，ここに衷心より御礼申し上げます．

なお，小社では，全出版物に対して HCD（人間中心設計）のコンセプトに基づき，そのユーザビリティを追求しております．本書を通じまして何かお気づきの事柄がございましたら，ぜひ以下の「お問合せ先」までご一報くださいますよう，お願いいたします．

お問合せ先：reader@kindaikagaku.co.jp

なお，本書の制作には，以下が各プロセスに関与いたしました：

・企画：小山　透
・編集：安原悦子，高山哲司
・組版：藤原印刷 (LaTeX)
・印刷：藤原印刷
・製本：藤原印刷 (PUR)
・資材管理：藤原印刷
・カバー・表紙デザイン：川崎デザイン
・広報宣伝・営業：冨髙琢磨，山口幸治，東條風太

● 本書に記載されている会社名・製品名等は，一般に各社の登録商標または商標です．本文中の©，®，™ 等の表示は省略しています．

・本書の複製権・翻訳権・譲渡権は株式会社近代科学社が保有します．
・ JCOPY 〈(社)出版者著作権管理機構 委託出版物〉
本書の無断複写は著作権法上での例外を除き禁じられています．
複写される場合は，そのつど事前に (社)出版者著作権管理機構
(電話 03-3513-6969，FAX 03-3513-6979，e-mail: info@jcopy.or.jp) の許諾を得てください．

[ISM シリーズ：進化する統計数理]

刊行にあたって

　人類の繁栄は，環境の変化に対し，経験と知識にもとづいて将来を予測し，適切に意思決定を行える知能によってもたらされた．この知能をコンピュータ上に構築する科学者の夢は未だに実現されていないが，「予測と判断」といった機能の点においては知能を模倣するレベルが近年，相当向上している．その技術革新の起爆剤となったのは，データの加工・蓄積・輸送の作業効率を著しく高めたコンピュータの発展，およびインターネットのコモディティ（日用品）化である．では，データを扱う基礎となる学問は何かというと，今も昔も統計学であることに変わりはない．

　直接的にデータを取り扱う方法の科学の代表格は統計学であると言っても過言でないが，データ量の爆発とサンプル次元の巨大化に特徴づけられる新しいデータ環境に伴い，通常，データマイニングや機械学習と呼ぶ，新しい研究領域が勃興してきた．現在この三者は理論，応用を問わず相互に深く関係し合いながら，競争的に学術の発展に大きく寄与している．統計数理とは，データにもとづき合理的な意思決定を行うための方法を研究する学問である．よって，これら三つの研究領域を包含するのはもちろん，それらの理論的基礎となる部分を多く持つ数理科学とも不可分である．今後の統計数理は，さらなるデータ環境の変遷に従って，既存の研究領域と，時には飲み込む勢いでもって関連し合いながら発展していくであろう．その拡大する研究領域を我々は「進化する統計数理」と呼んだわけである．データ環境の変化を外的刺激として自己成長していく姿から"進化する"と命名した．そこには，データ環境にそぐわない手法は淘汰されるという危機意識も埋め込まれている．

　すると，「進化する統計数理」は，人類が繁栄していくために必須の科学であると言え，科学技術・学術の領域に限っても，自然科学から社会科学，人文科学に至るすべての分野に共通の基礎となる．したがって，「進化する統計数理」を，基礎から応用まで分かりやすく解説・教育する活動が大切であるが，残念ながら日本においては統計数理研究所を中心とした比較的小さいコミュニティのみが，その重責を担ってきた．一連の公開講座を開講してきた

のも，その使命を達成するためである．また最近は，統計数理の教育・啓発にかかわるさまざまな活動を集約発展させた，統計思考力育成事業も開始している．

　本シリーズの刊行目的は，その主たる執筆者群が統計数理研究所に属する教員であることからも明らかのように，現統計数理研究所が行っている「進化する統計数理」の教育普及活動の中身を解説することである．したがって，その内容は，「進化する統計数理」の持つ宿命的な多様性と時代性を反映した多岐にわたるものとなるが，各巻ともに，データとのつきあい方を通した各著者のスコープや人生観が投影されるユニークなものとしたい．

　本シリーズが「統計数理」の一層の広がりと発展に寄与できることを編集委員一同，切に願うものである．

樋口 知之，中野 純司，川崎 能典

はじめに

まずはメッセージ

外れ値が混入していると，データ解析の結果が大きく歪められることがあります．本書では外れ値の混入に対処するための手法を紹介しています．

本書は統計数理研究所の公開講座「ロバスト統計」の内容をベースにして執筆しました．公開講座の後に，何かのときに，「あのときの内容は実務にとても役に立っています」という話を聞くのは，嬉しい体験でした．本書が「読んで良かった」という本であるならば幸いです．

本書の構成

第1章は導入部分です．第2章で非常に基本的なロバスト統計を説明します．第3章はロバスト統計で王道であるM推定の紹介です．ここは全体のコアになります．第4章は線形回帰モデルにおけるロバスト推定の話です．ここまでが基本です．加えて第5章で多変量解析におけるロバスト推定の話を行っています．この章はやや複雑なので最初は飛ばしてもよいかもしれません．

第6章はランクを使ったロバスト検定の話です．ここは本書の中では特殊な章です．分布の形の同等性などを調べるだけであれば，妥当かどうか分からない分布を無理に仮定せずに，ロバストな指標であるランクだけで議論を行うという内容です．

第7章はパラメータを推定する数値アルゴリズムの話です．統計科学では，パラメータ推定アルゴリズムの話は，あまり重視されていませんが，ロバスト統計では，推定値を簡単に求められないため，推定アルゴリズムは重要です．

その後に，第8章ではロバストらしさを測る尺度の話，第9章ではM推定量の漸近的性質，と続きます．この辺りは，内容が難しくなるので，手法を単に使うだけの読者は，読み飛ばす手もあるかもしれません．

その後からは研究レベルの話です．本書の特徴は，重み付き尤度を用いた手法は良いと考えて多くの場所で触れている点です．その理由が第10章で明らかにされます．加えて，第11章では，ロバスト性だけでなく，高次元デー

タに有効なスパース性をも同時に組み込んだ手法について紹介しています．

お礼

　最後に，原稿を読んで様々なコメントをして頂いた大学院生の川島孝行さんに，この本を執筆する機会を頂いた編集委員の皆様に，なかなか書き終わらない原稿に辛抱強く対応して頂いた近代科学社の小山透様に，心よりお礼を申し上げます．

2017 年 6 月

藤澤 洋徳

目　次

1　ロバスト統計とは 1

　1.1　外れ値とは 1
　1.2　外れ値による悪影響 1
　1.3　ロバスト統計 3

2　簡単なロバスト推定 5

　2.1　外れ値が混入している例 5
　2.2　平均の推定 6
　　2.2.1　標本平均 6
　　2.2.2　中央値 6
　　2.2.3　刈り込み平均 7
　　2.2.4　ホッジス–レーマン推定 8
　　2.2.5　重み付き平均 9
　2.3　尺度の推定 10
　　2.3.1　標本分散と標本標準偏差 10
　　2.3.2　中央絶対偏差 11
　　2.3.3　四分位範囲 12
　2.4　外れ値の同定 12
　　2.4.1　ロバスト推定を使わない場合 12
　　2.4.2　ロバスト推定を使った場合 13
　2.5　Rでのプログラム例 14

3　M 推定に基づいたロバスト推定 15

3.1　最尤推定と M 推定 15
3.2　平均の M 推定 16
3.2.1　標本平均 16
3.2.2　刈り込み型 17
3.2.3　フーバー型 17
3.2.4　Bisquare 型 18
3.2.5　重み付き型 19
3.2.6　再下降型 20
3.2.7　尤度型 20
3.2.8　尺度を導入した表現 21
3.3　チューニングパラメータの決め方 22
3.4　数値アルゴリズム 23
3.5　信頼区間・検定・外れ値の同定 24
3.5.1　漸近的性質 24
3.5.2　信頼区間 25
3.5.3　検定 25
3.5.4　外れ値の同定 25
3.5.5　漸近近似の注意点 26
3.6　R でのプログラム例 27
3.6.1　推定 27
3.6.2　検定 28
3.6.3　関数 gamnorm 29
3.7　ロス関数 29
3.8　推定方程式の不偏性 32
3.9　尺度の M 推定 34
3.9.1　尤度に基づく考え方 34
3.9.2　例 35
3.9.3　数値アルゴリズム 36
3.9.4　重み付き型 36
3.10　平均と尺度の同時推定 37
3.10.1　平均の M 推定と中央絶対偏差の組合せ 37

| | 3.10.2 尤度に基づく考え方 . . . . | 38 |
| | 3.10.3 重み付き型 . . . . | 38 |

4 線形回帰モデル 41

4.1	例	41
4.2	最小二乗法に基づく推定	43
4.3	ロス最小化に基づくロバスト推定	45
	4.3.1 ロス最小化	45
	4.3.2 尺度推定	46
4.4	M 推定に基づくロバスト推定	46
	4.4.1 M 推定	47
	4.4.2 尺度推定	48
4.5	重み付きに基づくロバスト推定	49
4.6	R でのプログラム例	49
4.7	説明変数にも外れ値がある場合	54
4.8	信頼区間・検定・外れ値の同定	55
	4.8.1 漸近的性質	55
	4.8.2 信頼区間	55
	4.8.3 検定	56
	4.8.4 外れ値の同定	56
4.9	MM 推定	56

5 多変量解析 59

5.1	成分ごとの推定	59
5.2	尤度に基づいた M 推定	59
5.3	尺度に基づいたロバスト推定	61
5.4	重み付きに基づくロバスト推定	61
5.5	例	62
5.6	尤度に基づいた M 推定の性質	63
	5.6.1 アフィン不変性	63
	5.6.2 一致性	64

6 ランク検定 ... 67

- 6.1 ランク統計量 ... 67
- 6.2 平均の同等性検定 ... 68
  - 6.2.1 ウィルコクソンの順位和検定 ... 68
  - 6.2.2 しきい値の決め方とP値 ... 69
  - 6.2.3 マン–ホイットニー統計量 ... 70
  - 6.2.4 ウィルコクソンの順位和統計量の中心化 ... 71
  - 6.2.5 標本数が大きいとき ... 72
  - 6.2.6 両側検定 ... 72
  - 6.2.7 同じ値の扱い ... 73
  - 6.2.8 検出力 ... 74
- 6.3 分散の同等性検定 ... 75
- 6.4 分布の同等性検定 ... 77
- 6.5 Rでのプログラム例 ... 78
  - 6.5.1 平均の同等性検定 ... 79
  - 6.5.2 分散の同等性検定 ... 80

7 パラメータ推定アルゴリズム ... 81

- 7.1 ロス関数に基づく数値アルゴリズム ... 81
  - 7.1.1 平均パラメータ推定の場合 ... 81
  - 7.1.2 回帰パラメータ推定の場合 ... 82
  - 7.1.3 重み付き型の場合 ... 82
- 7.2 数値アルゴリズムの単調性 ... 85
  - 7.2.1 MMアルゴリズム ... 85
  - 7.2.2 回帰パラメータ推定の場合 ... 86
  - 7.2.3 重み付き型の場合 ... 87
- 7.3 初期値問題など ... 88

8 ロバストネスの尺度 ... 91

- 8.1 感度 ... 91

8.2　潜在バイアス 92
  8.3　潜在バイアスの動向 95
  8.4　影響関数 97
  8.5　破局点 99

9　漸近的性質 101

  9.1　大数の法則と中心極限定理 101
  9.2　最尤推定量の漸近的性質 104
    9.2.1　一致性と漸近正規性 104
    9.2.2　KLダイバージェンスと一致性 105
    9.2.3　漸近正規性の導出 107
    9.2.4　回帰モデルの場合 108
    9.2.5　注意点 110
  9.3　M推定量の漸近的性質：独立同一標本の場合 112
    9.3.1　一致性 112
    9.3.2　漸近正規性 115
    9.3.3　漸近分散の比較 117
  9.4　M推定量の漸近的性質：回帰モデルの場合 118
    9.4.1　一致性 118
    9.4.2　漸近正規性 120
    9.4.3　説明変数にも外れ値が入っている場合 121

10　ダイバージェンスに基づいたロバスト推定 123

  10.1　ダイバージェンスと相互エントロピー 123
    10.1.1　基本 123
    10.1.2　ダイバージェンスに基づいた推定 125
    10.1.3　拡張 126
  10.2　ベキ密度ダイバージェンス 127
  10.3　ガンマ・ダイバージェンス 130
  10.4　ガンマ・ダイバージェンスの様々な性質 132
    10.4.1　不変性 133

  10.4.2　重要な仮定 133
  10.4.3　ピタゴリアン関係 134
  10.4.4　潜在バイアス 136
  10.4.5　数値アルゴリズム 137
  10.4.6　一意性 140
 10.5　ヘルダー・ダイバージェンス 143
 10.6　外れ値の割合をも推定するロバスト推定 144
 10.7　回帰モデルの場合 145
  10.7.1　ガンマ・ダイバージェンス 145
  10.7.2　数値アルゴリズム 146
  10.7.3　ガンマ・ダイバージェンスのいくつかの性質 148
 10.8　一致性と漸近正規性 148
  10.8.1　独立同一標本の場合 148
  10.8.2　回帰モデルの場合 149

11　ロバストかつスパースなモデリング 151

 11.1　ロバストかつスパースな回帰モデリング 151
 11.2　ロバストかつスパースなグラフィカル・モデリング 154

参考文献　　　　　　　　　　　　　　　　　　　　　　　　　157

索　引　　　　　　　　　　　　　　　　　　　　　　　　　　159

1 ロバスト統計とは

本章では，外れ値とは何か，ロバスト統計とは何か，を簡単に紹介する．

1.1 外れ値とは

ある実験をしていて，以下のような 10 個のデータ値が得られたとする：

$$\mathcal{X}^* = \{\,5.6,\ 5.7,\ 5.4,\ 5.5,\ 5.8,\ 5.2,\ 5.3,\ 5.6,\ 5.4,\ 55.5\,\}.$$

このとき，一番最後の値 55.5 は，他の値と比べて非常に大きい（図 1.1）．このように，データのメインボディから外れている値を**外れ値** (outlier) という． 外れ値

図 1.1 外れ値が混入しているデータ $\mathcal{X}^*$

また，図 1.2 のような 2 次元の散布図があったとしよう．メインボディから離れている値が右下と左上に二つずつ存在している．これらも外れ値である．

1.2 外れ値による悪影響

データ $\mathcal{X}^*$ の**標本平均** (sample mean) を考えてみよう： 標本平均

$$\frac{5.6 + 5.7 + 5.4 + 5.5 + 5.8 + 5.2 + 5.3 + 5.6 + 5.4 + 55.5}{10} = 10.5.$$

これは何を代表しているのだろうか？ メインボディの平均を代表していない

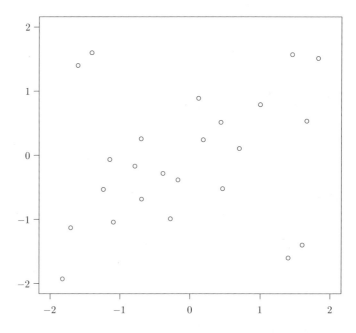

図 1.2 外れ値が混入している 2 次元データ

のは明らかである.もしも外れ値がなかったら,標本平均は次になる:
$$\frac{5.6+5.7+5.4+5.5+5.8+5.2+5.3+5.6+5.4}{9}=5.5.$$
これはメインボディの平均を代表していると言ってよいだろう.このように,外れ値が混入することで,一般的に使われる値が代表値を意味しなくなることがある.これが外れ値による悪影響である(後に紹介される中央値というロバスト法で推定すると,推定値は 5.55 になる.これは妥当な推定値である).

図 1.2 における標本相関係数を計算してみた.標本相関係数は 0.519 になった.メインボディの相関の値は高いと思われるので,標本相関係数はメインボディの相関の代表値とはとても言えない.右下と左上にある外れ値を使わずに相関係数を計算してみた.そのときの標本相関係数は 0.818 になった.これは妥当な推定値だと思える(後に紹介される重み付きに基づくロバスト法で相関係数を推定すると,推定値は 0.789 になる.これは妥当な推定値に思える).

また,高度な話になるが,遺伝子ネットワーク推定の話を,簡単に紹介する(詳しくは 11.2 節を参照されたい).左側の 6 個の遺伝子と右側の 5 個の遺伝子は独立である.大きく考えると二つの集団が存在する.線が引かれてい

るのは，関係があることを意味する．著者らが提案した手法は，二つの集団の間に線を引かない結果を提示している．なお，外れ値は，最低でも10%程度は存在すると考えられている．

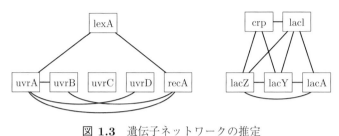

図 **1.3** 遺伝子ネットワークの推定

1.3 ロバスト統計

それでは外れ値の混入にどうやって対処すればよいだろうか．最も単純な対処方法は外れ値を事前に取り除く方法であり，すでに説明した方法である．

しかしながら，外れ値をどうやって取り除けばよいのだろうか？実は，外れ値を取り除くとき，我々は，次のようなことを，本能的に行っている．まずはメインボディの中心を見つける．次にメインボディのばらつき具合を測る．そして，それらから作られる適当な領域に入っているか入っていないかで，外れ値を同定しているのである．つまり，外れ値が混入していたとしても，外れ値を取り除かずにメインボディの中心やばらつきを事前に同定する方法が必要になるのである．

外れ値が混入していたとしても，メインボディの中心やばらつきなどを妥当に推定する方法は，**ロバスト推定** (robust estimation) と呼ばれる．ロバストとは「頑健」という意味であり，外れ値に頑健な推定という意味である．外れ値の混入に頑健な検定は，**ロバスト検定** (robust test) と呼ばれる．また，外れ値に頑健な統計を総称して，**ロバスト統計** (robust statistics) という．

ロバスト推定

ロバスト検定

ロバスト統計

なお，より一般的には，外れ値に限らず，何らかの状況に対して頑健な統計の総称をロバスト統計ともいうが，本書では外れ値に対処する統計をロバスト統計と呼ぶことにする．

2 簡単なロバスト推定

本章では，簡単な例に基づいて，ロバスト推定を紹介する．

2.1 外れ値が混入している例

本章では外れ値が混入している次のデータを基本例とする：

$$\mathcal{X}^* = \{\,5.6,\,5.7,\,5.4,\,5.5,\,5.8,\,5.2,\,5.3,\,5.6,\,5.4,\,55.5\,\}.$$

このデータから外れ値を取り除いたデータを次のようにおく：

$$\mathcal{X}_0 = \{\,5.6,\,5.7,\,5.4,\,5.5,\,5.8,\,5.2,\,5.3,\,5.6,\,5.4\,\}.$$

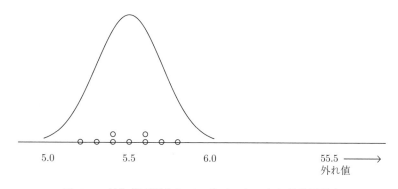

図 2.1 外れ値が混入しているデータ $\mathcal{X}^*$ と母集団分布

このデータ $\mathcal{X}_0$ の背後にある母集団の平均 μ や標準偏差 σ を，外れ値が混入されているデータ $\mathcal{X}^*$ からうまく推定する方法を考える．

なお，ときには，外れ値が二つ混入している次のデータも取り扱う：

$$\mathcal{X}^{**} = \{\,5.6,\,5.7,\,5.4,\,5.5,\,5.8,\,5.2,\,5.3,\,5.6,\,55.5,\,56.0\,\}.$$

2.2 平均の推定

本節では,平均の代表的なロバスト推定を提示する.なお,母集団分布は,平均 μ に関して左右対称であるとする.

2.2.1 標本平均

外れ値が混入していないデータ $\mathcal{X}_0$ に対する標本平均は次になる:

$$\frac{5.6+5.7+5.4+5.5+5.8+5.2+5.3+5.6+5.4}{9}=5.5.$$

外れ値が混入しているデータ $\mathcal{X}^*$ に対する標本平均は次になる:

$$\frac{5.6+5.7+5.4+5.5+5.8+5.2+5.3+5.6+5.4+55.5}{10}=10.5.$$

データ $\mathcal{X}=\{x_1,\ldots,x_n\}$ に対する標本平均をきちんと表すと次である:

$$\bar{x}=\frac{x_1+\cdots+x_{n-1}+x_n}{n}=\frac{1}{n}x_1+\cdots+\frac{1}{n}x_{n-1}+\frac{1}{n}x_n.$$

標本平均が外れ値に弱い理由は,データ $\mathcal{X}^*$ をイメージすると,データ $x_n=x_{10}=55.5$ が大きすぎて,データの単純な線形和の標本平均では,その影響を直接,受けてしまうからである.

2.2.2 中央値

データ $x_1,\ldots,x_n$ を小さい順に並べ換えた

$$x_{[1]}<\cdots<x_{[n]}$$

を**順序統計値** (ordered statistic) という.特に,真ん中あたりを,**中央値** (median) という:

$$\mathrm{Med}(\mathcal{X})=\begin{cases} x_{[k]} & n=2k-1 \text{ のとき} \\ (x_{[k]}+x_{[k+1]})/2 & n=2k \text{ のとき} \end{cases}$$

中央値は,平均 μ を推定するとき,外れ値の影響を受けにくい推定値として最も代表的である.

具体的なデータで中央値を考えよう.データ $\mathcal{X}_0$ を小さい順に並べ換えると次のようになる:

$$5.2, 5.3, 5.4, 5.4, 5.5, 5.6, 5.6, 5.7, 5.8.$$

その結果として中央値は次となる：

$$\mathrm{Med}(\mathcal{X}_0) = 5.5.$$

外れ値を含んでいるデータ $\mathcal{X}^*$ では次となる：

$$\mathrm{Med}(\mathcal{X}^*) = \frac{5.5 + 5.6}{2} = 5.55.$$

結果として，外れ値が混入しているデータからの中央値は，外れ値が混入していないデータにおける中央値や標本平均 ($= 5.5$) とあまり変わりはない．これは，中央だけを見ることで，最大の値である外れ値の影響を弱めているからである．

ここで，外れ値が二つ混入しているデータ $\mathcal{X}^{**}$ に対しても，中央値を考えてみよう．このとき，中央値は，次となる：

$$\mathrm{Med}(\mathcal{X}^{**}) = 5.6.$$

やはり外れ値の影響は弱められているが，先ほどの $\mathrm{Med}(\mathcal{X}^*) = 5.55$ よりもさらに大きい．外れ値が一方に固まっていくと，中央値はこのような傾向があるので，注意が必要ではある．こういう場合にも対処できる方法は後のほうで述べられる．

2.2.3 刈り込み平均

前節で中央値は外れ値に強い推定であることは分かった．しかしながら，ここで，一つ疑問が湧かないだろうか．中央だけではなくて，中央の近傍の値も見て，使うデータの割合を大きくしてはどうだろうかと．

いま，上側 $100\alpha\%$ と下側 $100\alpha\%$ のデータを使わない標本平均を，以下のようにおく：

$$\hat{\mu}_\alpha = \frac{1}{n - 2m} \sum_{i=m+1}^{n-m} x_{[i]}, \qquad m = \lfloor n\alpha \rfloor.$$

ただし，$\lfloor a \rfloor$ は，a を超えない最大の整数とする．これを**刈り込み平均** (trimmed mean) という．

刈り込み平均

データ $\mathcal{X}^*$ を，まずは小さい順に表現しておく：

$$5.2, 5.3, 5.4, 5.4, 5.5, 5.6, 5.6, 5.7, 5.8, 55.5.$$

使わないデータの割合に関わるパラメータの値を $\alpha = 0.1$ としよう．このとき $m = \lfloor n\alpha \rfloor = 1$ なので上側と下側の一つのデータを使わないことになる．よって刈り込み平均は以下になる：

$$\frac{5.3 + 5.4 + 5.4 + 5.5 + 5.6 + 5.6 + 5.7 + 5.8}{8} = 5.5375.$$

これは，外れ値が混入していない場合の標本平均にも近いし，外れ値が混入している場合の中央値にも近い．

この推定の唯一の問題点は，外れ値の割合を事前に想定する必要があることである．しかしながら，少々適当に想定しても，刈り込み平均は妥当な推定になりやすく，思いのほか推定量の分散が小さくなることがあり，使いやすい推定法である．

最後に，具体例において，刈り込み平均の分散の振舞いを，**漸近相対効率** (asymptotic relative efficiency)[1] で確認しておく．

> **漸近相対効率**
> [1] 適当な条件の下では最尤推定量の漸近分散は最小である．そのため，通常の推定量の漸近相対効率は，高々1である．

$$\text{漸近相対効率} = \frac{(\text{最尤推定量の漸近分散})}{(\text{推定量の漸近分散})}$$

母集団分布が自由度 ν の t 分布であったとしよう．自由度が小さいときの t 分布は裾が重いので大きな値が出やすい分布である．このとき，漸近相対効率は，表 2.1 で得られる．たとえば，$\alpha = 0.1$ と取っておけば，裾が非常に重い分布でなければ，かなり高い漸近相対効率が得られており，$\alpha = 0.25$ と取っておけば，たいていの裾の重さに対して，高い漸近相対効率が得られている．特に，$\alpha = 0.5$ が中央値に対応するので，裾が非常に重い分布でなければ，適当な α を取ることで，中央値よりも良いパフォーマンスを期待できる．

表 2.1 漸近相対効率

ν	α				
	0	0.05	0.10	0.25	0.50
1	0	0.23	0.42	0.79	0.81
3	0.50	0.85	0.93	0.98	0.81
10	0.95	0.99	0.99	0.92	0.72
∞	1.00	0.97	0.94	0.84	0.64

2.2.4 ホッジス–レーマン推定

ここでは，少し変わった推定も，説明しておこう．標本の中からペアを選

んで，その標本平均 $(x_i+x_j)/2$ を考える．そのペアすべての中央値が**ホッジス–レーマン** (Hodges–Lehmann) **推定値**と呼ばれる：

ホッジス–レーマン推定値

$$\mathrm{Med}\left(\left\{\frac{x_i+x_j}{2}\right\}_{1\leq i\leq j\leq n}\right).$$

2.2.5 重み付き平均

　ここまでの推定量は，外れ値が混入していた場合は，それを無視してしまうという考え方に基づいて作られた推定方法である．ここでは，データの外れ度合いに応じて，そのデータの重要度を滑らかに変化させる推定方法を考えることにしよう．

　ここで，平均 μ_0 で標準偏差が σ_0 の正規分布の密度関数 $\phi(x;\mu_0,\sigma_0)$ を利用して，次のような重み関数を考える：

$$W(x_i;\mu_0,\sigma_0)=\phi(x_i;\mu_0,\sigma_0).$$

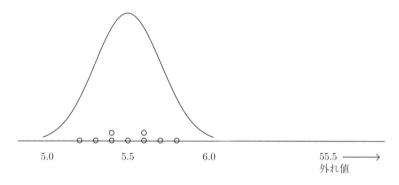

図 2.2　外れ値が混入しているデータ $\mathcal{X}^*$ と重み分布（図 2.1 再掲）

　この重み関数は，分布の中心 $x=\mu_0$ の近傍のデータは重要で，分布の裾のほうにいくとデータの重要度は落ちるという考え方である．なぜなら，$\phi(x_i;\mu_0,\sigma_0)$ は，$x_i=\mu_0$ のときに最大で，そこから離れていくと，どんどんと 0 に近づいていくからである．ただし，このままでは，重みを足しても 1 とはならないため，少し違和感があるので，次のように修正した重みを使うのが一般的である：

$$w(x_i;\mu_0,\sigma_0)=\frac{\phi(x_i;\mu_0,\sigma_0)}{\sum_{k=1}^n \phi(x_k;\mu_0,\sigma_0)}.$$

こうすることで $\sum_{i=1}^n w(x_i; \mu_0, \sigma_0) = 1$ となる．これを利用して重み付き平均を次のように定義する：

$$\hat{\mu}_w(\mathcal{X}) = \sum_{i=1}^n w(x_i; \mu_0, \sigma_0)\, x_i.$$

この推定方法の場合に問題となるのは，重み関数の平均 μ_0 と標準偏差 σ_0 をどう決めるかである．まずは，$\mu_0 = 5.5$ と $\sigma_0 = 0.25$ と置いてみよう．このときは重み付き平均は（コンピュータで計算すると）次になる：

$$\hat{\mu}_w(\mathcal{X}^*) = 5.5.$$

ちなみに，$\sigma_0 = 2$ と，標準偏差をかなり大きめに設定しても，$\hat{\mu}_w(\mathcal{X}^*) = 5.5$ となる．これは，外れ値がメインボディから非常に遠いので，標準偏差をかなり大きめに設定しても，重みがほとんど 0 だからである．

事前に平均 μ_0 と尺度 σ_0 をどう設定するかは大きな問題である．これについては，さらに思考を進めることで，面白いアイデアが生まれる．より良い方法が 3.2.5 項と 3.10.3 項で述べられることになる．また，重み関数として，$\phi(x; \mu_0, \sigma_0)$ ではなくて，それを弱めた $W(x; \mu_0, \sigma_0) = \phi(x; \mu_0, \sigma_0)^\gamma\ (\gamma \geq 0)$ を用いることもある．これは，$\gamma = 0$ とすると $W(x; \mu_0, \sigma_0) = 1$ なので，一般的なの標本平均にもなる．

2.3 尺度の推定

2.3.1 標本分散と標本標準偏差

標本分散　本書では**標本分散** (sample variance) は俗にいう不偏標本分散とする：

$$s^2 = \frac{1}{n-1} \sum_{i=1}^n (x_i - \bar{x})^2.$$

標本標準偏差　これは分散 σ^2 の不偏推定量である．**標本標準偏差** (sample standard deviation) は $s = \sqrt{s^2}$ で定義することにする．これは標準偏差 σ の推定量である．

さて，外れ値の混入しているデータ $\mathcal{X}^*$ と混入していないデータ $\mathcal{X}_0$ に対しては，標本標準偏差は次となる：

$$s(\mathcal{X}_0) = 0.194. \qquad s(\mathcal{X}^*) = 15.81.$$

標準偏差の推定値として，後者は明らかに外れ値の悪影響を大きく受けている．

2.3.2 中央絶対偏差

平均を推定するときに，中央値が外れ値に強いということは分かった．そこで，天下り的に，次のような統計量を考えることにしよう．

まずは標本分散の作り方から思い出そう．ばらつきの基礎となるのは $x_i - \mu$ である．ここで，平均 μ を標本平均 $\bar{x}$ で推定して，それから二乗量 $(x_i - \bar{x})^2$ に基づいて標本平均を考えたものが標本分散であった．しかし，これは，外れ値に弱かった．

平均 μ は，標本平均 $\bar{x}$ では外れ値に弱いので，中央値 $\mathrm{Med}(\mathcal{X})$ で推定することにしよう．ばらつきの基礎となる量は $\{x_i - \mathrm{Med}(\mathcal{X})\}$ で推定される．これの二乗量に基づいて標本平均を考えると，やはり外れ値に弱いので，またもや中央値を基本として考えることにしよう．ただし，二乗の中央値ではなくて，絶対値の中央値にする．結果的に出てくる統計量は次となる：

$$\mathrm{MAD}(\mathcal{X}) = \mathrm{Med}\left(\{|x_i - \mathrm{Med}(\mathcal{X})|\}_{i=1}^n\right).$$

これは**中央絶対偏差** (median absolute deviation) と呼ばれる．

中央絶対偏差

ここまできて，たかだか標準偏差の推定なのに，複雑なことをしていると思うかもしれない．実は，それは，外れ値に対処するということが，非常に難しいことなのだということを示唆しているのである．

さらに，次のような変形を行う．実は，中央絶対偏差は，標準偏差の不偏推定量ではない．そこで，次のような量で正規化したものが，実際には使われる：

$$\mathrm{MADN}(\mathcal{X}) = \mathrm{MAD}(\mathcal{X})/0.675.$$

データが正規分布に従うときには，これは標準偏差 σ の不偏推定量となる．

ここでまた疑問に思うかもしれない．標本分散は，データの分布が何であっても，分散 σ^2 の不偏推定量である．しかし，MADN は，データが正規分布に従わないときには，不偏推定量であるかどうかは分からないし，いわんや，一致推定量であるかどうかさえ分からない．

しかしながら，MADN が，もっとも頻繁に使われている推定量なのである．それは，外れ値の混入の可能性があるときに，平均と比較すると，標準偏差を妥当に推定することが，いかに難しいかを物語っている．

データに基づいて正規化された中央絶対偏差を計算してみよう：

$$\text{MADN}(\mathcal{X}^*) = 0.222, \qquad \text{MADN}(\mathcal{X}^{**}) = 0.297.$$

標本標準偏差に比べると，外れ値にはある程度の強さを持っていることが分かる．ただし，中央値のときと同様に，外れ値が一方に固まると，より大きめの値になってしまう傾向があるので，注意が必要である．

2.3.3 四分位範囲

四分位 (interquantile) と呼ばれる統計値がある．これは，データを小さい順に並べ換えたときに，下側から25%点・50%点・75%点のことである．真ん中の50%点が中央値である．中央値が外れ値に強いと予想されることと同様に，25%点や75%点も，外れ値に強いと考えられる．いま，下側から100α%点を$x_{(\alpha)}$で表すことにすると，**四分位範囲** (interquantile range) は次で定義される：

$$\text{IQR} = x_{(3/4)} - x_{(1/4)}.$$

この統計値は，記述統計の段階で有用な箱ひげ図でも使われている．

また，四分位範囲を正規化した値として，次が使われる：

$$\text{IQR}_\text{N} = \text{IQR}/1.349.$$

これは，データが正規分布に従うときに，標準偏差σの不偏推定量となる．

2.4 外れ値の同定

本節では，信頼区間を使って，外れ値を同定することを考える．理解を容易にするために外れ値が混入したデータ$\mathcal{X}^*$と母集団分布の図2.1を再掲（図2.3）しておく．

2.4.1 ロバスト推定を使わない場合

外れ値が混入しているデータ$\mathcal{X}^*$から，外れ値を同定することを考えてみよう．まずはロバスト推定を使わないで行ってみる．最初に考えるのは信頼区間を使う方法である．まずはデータが正規分布に従っていたと考えよう．標

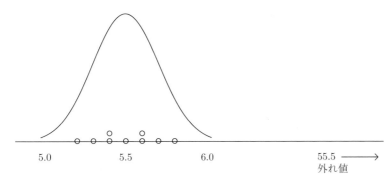

図 2.3 外れ値が混入しているデータ $\mathcal{X}^*$ と母集団分布（図 2.1 再掲）

本平均と標本標準偏差はすでに得られているので，それを使うと，信頼水準 95% の信頼区間は，次になる：

$$(10.5 - 1.96 \times 15.81, 10.5 + 1.96 \times 15.81) = (-20.49, 41.49).$$

外れ値である 55.5 は，この信頼区間の中に入っていないので，同定することができる．

これはうまくいっているように見える．しかし，平均や標準偏差の推定が，かなりいい加減なので，信頼区間は想像以上に広く，結果論という感じを受けなくもない．実際に，外れ値が二つ混入しているデータだと，失敗することがある．

外れ値が二つ混入しているデータ $\mathcal{X}^{**}$ を考えよう．標本平均と標本標準偏差は 15.56 と 21.18 となる．そのため，信頼水準 95% の信頼区間は，次になる：

$$(15.56 - 1.96 \times 21.18, 15.56 + 1.96 \times 21.18) = (-25.95, 57.07).$$

結果として，二つの外れ値を同定することができない．このような複数の外れ値による効果を**マスク効果** (masking effect) という．

マスク効果

2.4.2 ロバスト推定を使った場合

ここでは，平均と標準偏差を，中央値と正規化された中央絶対偏差に基づいてロバスト推定する．外れ値が一つだけ混入しているデータ $\mathcal{X}^*$ のときは，次になる：

$$\mathrm{Med}(\mathcal{X}^*) = 5.55, \quad \mathrm{MADN}(\mathcal{X}^*) = 0.222.$$

よって，信頼水準95%の信頼区間は，次になる：

$$(5.55 - 1.96 \times 0.222, 5.55 + 1.96 \times 0.222) = (5.11, 5.99).$$

結果として，外れ値を正しく同定することができる．外れ値が二つ混入しているデータ $\mathcal{X}^{**}$ のときは，次になる：

$$\mathrm{Med}(\mathcal{X}^{**}) = 5.6, \qquad \mathrm{MADN}(\mathcal{X}^{**}) = 0.297.$$

よって，信頼水準95%の信頼区間は，次になる：

$$(5.6 - 1.96 \times 0.297, 5.6 - 1.96 \times 0.297) = (5.02, 6.18).$$

やはり，外れ値を正しく同定することができる．

2.5 Rでのプログラム例

ここでは，統計ソフト R[2] でのプログラム例を，書き記しておこう．まずはデータを次のように読み込む：

> x = c(5.6,5.7,5.4,5.5,5.8,5.2,5.3,5.6,5.4,55.5);

平均値と中央値は次で計算できる：

> mean(x)

> median(x)

10%刈り込み平均は次で計算できる：

> mean(x,trim=0.1)

標準偏差と正規化された中央絶対偏差は次で計算できる：

> sd(x)

> mad(x)

正規化定数による補正はデフォルトで行われる．つまり mad(x) は MADN のことである．

---

[2] 統計ソフト R は無料で配布されている統計ソフトウェアである．非常に多くの統計解析手法が組み込まれており，多くの人に使われている．

3 M推定に基づいたロバスト推定

本章では,前章よりも工夫されたロバスト推定を紹介する.最初にM推定の考え方を述べて,その後に,その例としてロバスト推定を考える.

3.1 最尤推定とM推定

データ $\mathcal{X} = \{x_1, \ldots, x_n\}$ がある母集団からの標本であるとする.この母集団の分布を密度関数 $f(x;\theta)$ で表すことを考えよう.このとき,**最尤推定量** (maximum likelihood estimator) は,次で定義される:

$$\hat{\theta} = \arg\max_{\theta} \sum_{i=1}^{n} \log f(x_i;\theta).$$

最尤推定量

(ここで,$\arg\max h(\theta)$ は,関数 $h(\theta)$ を最大にする θ の値である).最尤推定量は臨界点であることが多い.その場合は,次の推定方程式の解となる:

$$\sum_{i=1}^{n} s(x_i;\theta) = 0, \qquad s(x;\theta) = \frac{d}{d\theta} \log f(x;\theta).$$

これを象徴的に次のように表現することにしよう:

$$\sum_{i=1}^{n} \psi(x_i;\theta) = 0.$$

このような推定方程式の解として推定値 $\hat{\theta}$ を考えるとき,**M推定** (M-estimation) という(一般的に $E_{f_\theta}[\psi(x;\theta)] = 0$ を満たす $\psi(x;\theta)$ を考える.その理由については3.8節を参照されたい).特に,関数 $\psi(x;\theta)$ と推定方程式を,本書では**核関数**と**M推定方程式**と呼ぶことにする[3]).

M推定

核関数とM推定方程式

[3]) これらには一般的な呼び名は存在しないようである.しかし重要で名前を付けたほうが説明しやすいので,本書ではそのように呼ぶことにした.

M推定には別の定義もある.それをさらに紹介しておこう.まずは最尤推定を次のように変形しておく:

$$\hat{\theta} = \arg\min_{\theta} \sum_{i=1}^{n} \{-\log f(x_i; \theta)\}.$$

これを象徴的に，次のように表現することにしよう：

$$\hat{\theta} = \arg\min_{\theta} \sum_{i=1}^{n} \rho(x_i; \theta).$$

ロス関数　このような推定も M 推定と呼ばれることがある．ここで，関数 $\sum_{i=1}^{n} \rho(x_i; \theta)$ は，**ロス関数** (loss function) と呼ばれる．もちろん通常は $\psi(x; \theta) = (d/d\theta)\rho(x; \theta)$ という関係が成立する．

3.2　平均の M 推定

平均 μ の M 推定方程式は次で表せる：

$$\sum_{i=1}^{n} \psi(x_i; \mu) = 0.$$

一般には核関数 $\psi(x_i; \mu)$ は $x_i - \mu$ の関数であることが多いので，次のように表すことも多い：

$$\sum_{i=1}^{n} \psi(x_i - \mu) = 0.$$

以下では，基本的にはこの表現を使う．

なお，母集団分布は，平均 μ に関して左右対称であるとする．

3.2.1　標本平均

標本平均 $\bar{x}$ は次の M 推定方程式の解と考えることもできる：

$$\sum_{i=1}^{n} (x_i - \mu) = 0.$$

ここで核関数は $\psi(y) = y$（または $\psi(x - \mu) = x - \mu$）ということになる．

ここで，なぜ標本平均が外れ値に弱いかを，推定方程式のレベルで考えてみよう．データ x が非常に大きくなると，核関数 $\psi(x - \mu) = x - \mu$ も非常に大きくなる（極端に言えば，x が無限大に発散すると，核関数も無限大に発

散する).結果として,外れ値 x^* が存在すると,推定方程式全体が,外れ値に対応する核関数 $\psi(x^* - \mu)$ に,大きく振り回されてしまう.そのため,外れ値によって,推定方程式の本来の意図(データのメインボディへのフィッティングを良くする意図)が弱まってしまうのである.これに何とか対処する方法を以下では扱うことになる.基本的には,核関数 ψ が無限大にならないように,核関数に,有界性や,後に現れる再下降性を導入するのが,基本的な対処の方法である.

3.2.2 刈り込み型

次の核関数を考えることにしよう:

$$\psi(x-\mu) = \begin{cases} x - \mu & |x - \mu| \leq c \\ 0 & |x - \mu| > c \end{cases}.$$

これは,平均 μ から c 以上離れたデータは,全く使わないことを意味する.結果として外れ値に強い推定になることを期待できる(刈り込み平均と同じような意図である).

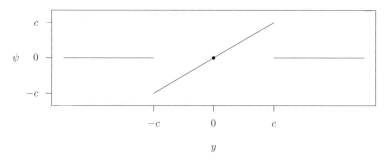

図 3.1 刈り込み型の核関数 $\psi(y)$

3.2.3 フーバー型

次の核関数を考えることにしよう:

$$\psi(x-\mu) = \begin{cases} -c & x - \mu < -c \\ x - \mu & |x - \mu| \leq c \\ c & x - \mu > c \end{cases}.$$

これは，平均 μ から c だけ離れたデータは，いきなり全く使わないのではなくて，その影響を弱めるけれども，完全には捨ててしまわずに，ある程度は滑らかに使うということを意図している．結果として，外れ値に（まあまあ）強い推定になることを期待できる．

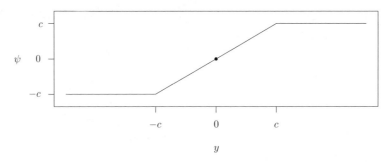

図 3.2　フーバー型の核関数 $\psi(y)$

この推定方法は，刈り込み型に比べて，中途半端に感じるかもしれない．しかしながら，後に出てくるが，フーバー型 (Huber type) の推定値は，ある種の凸最適化問題の解になるので，実際に推定値を得やすい利点がある．そのため，非常によく使われる核関数である．さらに，本書では扱わないけれども，フーバー型は，ある種の最適性をもつ．

3.2.4　Bisquare 型

次の核関数を考えることにしよう：

$$\psi(x-\mu) = \begin{cases} (x-\mu)\left\{1-\left(\dfrac{x-\mu}{c}\right)^2\right\}^2 & |x-\mu| \leq c \\ 0 & |x-\mu| > c \end{cases}.$$

これは，平均 μ から離れていくと，核関数の関与が，だんだんと増えていき，あるところからは，だんだんと減っていき，最後には 0 になってしまうというものである．これは，刈り込み型とフーバー型の折衷案という感じである．その感じの良さからか，Bisquare 型[4]は非常によく使われている（Tukey's biweight 型ともいう）．

---

[4] 良い日本語名が思いつかないので英語のままで表記する．

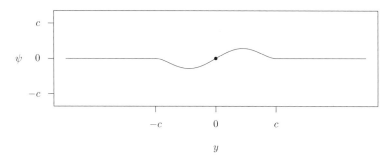

図 3.3 Bisquare 型の核関数 $\psi(y)$

3.2.5 重み付き型

標本平均の推定方程式を思い出そう：

$$\sum_{i=1}^{n}(x_i - \mu) = 0.$$

これが外れ値に弱いのは，データ x が非常に大きいときに，核関数 $(x-\mu)$ も非常に大きくなってしまうからと考えられた．そこで，たとえば，正規分布の密度関数のベキ乗 $\phi(x;\mu,\sigma)^\gamma$ $(\gamma > 0)$ を重みとして付け加えてみよう：

$$\sum_{i=1}^{n} \phi(x_i;\mu,\sigma)^\gamma (x_i - \mu) = 0.$$

このとき，核関数は次のように表現できる：

$$\phi(x;\mu,\sigma)^\gamma (x-\mu) = \left[\frac{1}{\sqrt{2\pi\sigma^2}} \exp\left\{-\frac{1}{2\sigma^2}(x-\mu)^2\right\}\right]^\gamma (x-\mu) \quad = \psi(x-\mu).$$

データ x が大きくなると，この核関数は非常に早く 0 に近づく（関数 x が無限大に発散するよりも指数関数 $\exp(-x^2)$ のほうが早く 0 に近づくため）．つまり，Bisquare 型と同じような性質をもっている．そのため，外れ値に強い推定が期待できる．標準偏差 σ としては，正規化された中央絶対偏差 MADN などが使われる．

先ほどの推定方程式を変形すると次になる：

$$\mu = \frac{\sum_{i=1}^{n} \phi(x_i;\mu,\sigma)^\gamma x_i}{\sum_{i=1}^{n} \phi(x_i;\mu,\sigma)^\gamma}.$$

これは 2.2.5 項に表れた推定値とほぼ同じ形である．

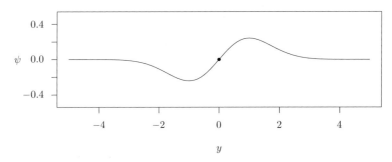

図 3.4　重み付き型の核関数 $\psi(y)$ （$\gamma = 1$ のとき）

3.2.6　再下降型

Bisquare 型・重み付き型は，核関数に関して，共通して次のような性質をもっている：

$$\lim_{|x| \to \infty} \psi(x) = 0.$$

再下降　このような性質を**再下降** (redescending) という．

再下降性は，M 推定において，望ましいと考えられている．外れ値 x^* が，データのメインボディから遠いときには，その影響は推定方程式に全く存在しないほうがよいであろう．再下降の性質があれば，それを実現できると想像できる．

3.2.7　尤度型

母集団分布が何かは分からないけれども，位置パラメータ μ と尺度パラメータ σ をもつ自由度 ν の t 分布を想定してみよう：

$$f(x; \mu) = c_{\nu,\sigma} \left(1 + \frac{(x-\mu)^2}{\nu \sigma^2} \right)^{-(\nu+1)/2}.$$

ここで $c_{\nu,\sigma}$ は正規化定数である．位置パラメータ μ に対して最尤推定を考えると，次の推定方程式が得られる：

$$\sum_{i=1}^{n} \psi(x_i - \mu) = 0, \quad \psi(x - \mu) = \frac{x - \mu}{\nu \sigma^2 + (x - \mu)^2}.$$

これは再下降型である．つまり外れ値に強いと考えられる．

なぜ，このようになったのか，考えてみよう．もともと，t 分布は，自由度

が小さければ，裾が重い分布である．つまり外れ値が出やすい．その結果として，外れ値の存在が不合理ではなく，最尤推定がうまく働いたとも考えられる．そのため，裾が重い分布に基づいて最尤推定を行い，外れ値に強い推定を行うという方法もある．

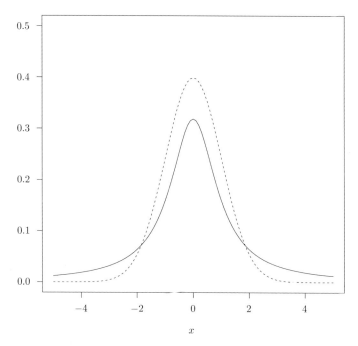

図 3.5 正規分布（点線）とコーシー分布（$\nu=1$，実線）の密度関数

ところで，自由度 ν が非常に大きいと，通常のデータ x に対しては，$\psi(x-\mu) \approx (x-\mu)$ となり，外れ値に弱い推定となる．これは，自由度が非常に大きいと，t 分布は正規分布に近くなり，裾が軽いので，外れ値の存在が不合理になるからである．

3.2.8 尺度を導入した表現

実際には，中心化した量 $(x-\mu)$ ではなく，標準化した量 $(x-\mu)/\sigma$ に基づいて表現することも多い．尺度を導入した表現は以下になる：

$$\sum_{i=1}^{n} \psi\left(\frac{x_i - \mu}{\sigma}\right) = 0.$$

この場合，核関数 ψ は推定するパラメータをもたないことが多い．

3.3 チューニングパラメータの決め方

前節では様々な M 推定の方法が提示された．尤度型を除くと，チューニングパラメータ（たとえば c）を含んでいる．そのチューニングパラメータはどのように決めるのであろうか．

もっとも単純な方法は，標準偏差を MADN などで推定して，その推定値を $\hat{\sigma}$ と置いたとき，チューニングパラメータ c として次の値を利用することである：

$$c = 1.96\hat{\sigma}.$$

これは，データが正規分布に従っていると想定して，信頼水準 95% の信頼区間の外にあるデータを外れ値とみなす，という考えに基づいている（信頼水準は 99% などに設定するかもしれない）．

そのほかに，ロバスト統計でよく使われているチューニングパラメータの決め方は，M 推定量の漸近相対効率を適当なレベルにまで保てる値を使う方法である．データが標準正規分布に従っているときに，漸近相対効率を 0.95 にするチューニングパラメータの値を使うのである．よく使われるフーバー型と Bisquare 型の場合を以下に示しておく：

$$c = 1.345\hat{\sigma}. \qquad \text{フーバー型のとき．}$$
$$c = 4.68\hat{\sigma}. \qquad \text{Bisquare 型のとき．}$$

（漸近相対効率は 0.90 などに設定するかもしれない）．

重み付き型の場合は，たとえば，次の値が候補である：

$$\gamma = 0.2. \qquad \text{漸近相対効率が 0.95 程度．}$$
$$\gamma = 0.5. \qquad \text{外れ値がメインボディに近いとき．}$$

また，外れ値 x が，メインボディから遠いと想定されるときは，小さな γ でも，ベキ密度 $\phi(x;\mu,\sigma)^\gamma$ は十分に小さくなって無視できる．そのため，外れ値の悪影響によって生じるバイアスは小さくなると期待される．結果的に，漸近相対効率を上げるため，小さな γ を使ってもよいことになる．

さらに書けば，適当なモデル選択規準に基づいて，決める考えもある．た

だ，いろいろと書いたが，結局は，チューニングパラメータの決め方には，決定打がないのが実情である[5]．

5) 著者なりの経験もあるのだが，決定打として書けるほどにまとまっていないのが，残念である．

3.4 数値アルゴリズム

推定方程式の解を実際にどうやって求めるのだろうか．どんな数値アルゴリズムを使っても構わないのだが，平均の M 推定では，次のアルゴリズムがよく使われる．

まずは推定方程式を次のように変形する：

$$0 = \sum_{i=1}^{n} \psi(x_i - \mu) = \sum_{i=1}^{n} \frac{\psi(x_i - \mu)}{x_i - \mu}(x_i - \mu)$$
$$= \sum_{i=1}^{n} W(x_i - \mu)(x_i - \mu), \qquad W(x) = \frac{\psi(x)}{x}.$$

ただし，厳密には，重み関数は次とする：

$$W(x) = \begin{cases} \psi(x)/x & x \neq 0 \\ \psi'(0) & x = 0 \end{cases}$$

（この重み関数 $W(x)$ は連続関数になるように設定されている．なぜなら，3.8 節から，$\psi(0) = 0$ と分かるので，$\psi'(0)$ は，$x \neq 0$ からの極限，つまり，$\lim_{x \to 0} \psi(x)/x = \lim_{x \to 0} (\psi(x) - \psi(0))/x = \psi'(0)$ から得られている）．ここで，重み付き法のときと同様に，次の変形を行う：

$$\mu = \frac{\sum_{i=1}^{n} W(x_i - \mu) x_i}{\sum_{i=1}^{n} W(x_i - \mu)}.$$

そして，適当な初期値 $\mu^{(0)}$ から，次の更新ルールを使って，収束値を推定値とするのである：

$$\mu^{(a+1)} = \frac{\sum_{i=1}^{n} W(x_i - \mu^{(a)}) x_i}{\sum_{i=1}^{n} W(x_i - \mu^{(a)})}.$$

$$\mu^{(0)} \to \mu^{(1)} \to \cdots \to \mu^{(a)} \to \mu^{(a+1)} \to \cdots.$$

初期値としては，たとえば，中央値を使えばよい．初期値は，場合によっては非常に重要であり，それに関する議論については，7.3 節を参照されたい．

3.5 信頼区間・検定・外れ値の同定

標本平均に基づいた信頼区間や検定を，漸近理論を利用して構成する方法の詳細は，9.1 節で述べている．本節では，その構成法を，ざっと述べる．

3.5.1 漸近的性質

まずは平均の M 推定量の分布を考えることにしよう．その分布が分かれば，信頼区間の構成や検定が行えるようになる．

適当な条件の下では，漸近理論を使うことで，$\hat{\mu}$ の分布を，次のように近似できることが知られている：

$$\hat{\mu} \sim N\left(\mu, \frac{\tau^2}{n}\right), \qquad \tau^2 = \frac{E[\psi(x-\mu)^2]}{\{E[\psi'(x-\mu)]\}^2}.$$

また，3.2.8 項のように，最初から尺度を入れた形の推定方程式の場合，漸近分散の表現は以下になる：

$$\tau^2 = \sigma^2 \frac{E[\psi((x-\mu)/\sigma)^2]}{\{E[\psi'((x-\mu)/\sigma)]\}^2}.$$

データ x を標準化した量 $(x-\mu)/\sigma$ が未知パラメータに依存しないときは，τ^2/σ^2 の値は核関数 ψ だけに依存することになる．

次に漸近分散 τ^2 の推定を考えてみる．核関数の中に含まれている尺度 σ は適当な推定値 $\hat{\sigma}$ で推定する．それを含んで推定された核関数を $\hat{\psi}$ で表すことにする．平均は推定値 $\hat{\mu}$ で推定する．期待値 $E[h(x)]$ は標本平均 $(1/n)\sum_{i=1}^{n} h(x_i)$ で近似する．結果として分散は次の推定値で近似できる：

$$\hat{\tau}^2 = \frac{1}{n}\sum_{i=1}^{n}\hat{\psi}(x_i-\hat{\mu})^2 \bigg/ \left\{\frac{1}{n}\sum_{i=1}^{n}\hat{\psi}'(x_i-\hat{\mu})\right\}^2.$$

尺度を導入した形の推定方程式の場合は次になる：

$$\hat{\tau}^2 = \hat{\sigma}^2 \frac{1}{n}\sum_{i=1}^{n}\hat{\psi}\left(\frac{x_i-\hat{\mu}}{\hat{\sigma}}\right)^2 \bigg/ \left\{\frac{1}{n}\sum_{i=1}^{n}\hat{\psi}'\left(\frac{x_i-\hat{\mu}}{\hat{\sigma}}\right)\right\}^2.$$

なお，上記の近似を使うには，少し注意すべき点がある．それについては 3.5.5 項で述べる．

3.5.2 信頼区間

平均 μ の信頼水準が近似的に 95% の信頼区間は，正規分布の理論に従って，次のように構成できる：

$$\left(\hat{\mu} - z^* \sqrt{\frac{\hat{\tau}^2}{n}},\ \hat{\mu} + z^* \sqrt{\frac{\hat{\tau}^2}{n}}\right).$$

ただし，z^* は，標準正規分布の両側 95% 点である．

3.5.3 検定

帰無仮説が $H : \mu = \mu_0$ であったとする．ここで次の検定統計量を用意する：

$$T_n = \frac{\hat{\mu} - \mu_0}{\sqrt{\hat{\tau}^2/n}}.$$

この分布は，帰無仮説の下では，正規分布で近似できる．結果的に，次のように棄却域を定めたとき，それは，有意水準が近似的に 95% の検定になる：

$$|T_n| > z^* \implies 帰無仮説 H_0 を棄却する．$$

データから得られた実現値が t_n であるとき，対応する P 値[6]は次で計算できる：

$$\Pr(|T_n| > |t_n| \mid H) \approx 2\{1 - \Phi(|t_n|)\}.$$

ただし $\Phi(z)$ は標準正規分布の分布関数とする．

[6] P 値に関しては藤澤 (2006) を参照．

3.5.4 外れ値の同定

データが仮に平均 μ で分散 σ^2 の正規分布に従っていたとしよう．そのとき $(x - \mu)/\sigma$ は標準正規分布に従う．たとえば，両側 99% 点を z^{**} としたとき，データ x_0 が $|x_0 - \mu|/\sigma > z^{**}$ であれば，外れ値とみなしてよいであろう．実際には，平均や分散を知らないので，適当な推定値 $\hat{\mu}$ と $\hat{\sigma}$ で置き換えて，次が満たされるときに，外れ値とみなしてもよいだろう：

$$\frac{|x_0 - \hat{\mu}|}{\hat{\sigma}} > z^{**}.$$

ただ，標本数が小さいときは，推定値の不安定さも考慮したほうがよいので，上記の方法の妥当性はそこまで高くない．また，データが正規分布に従っ

ていると考えられない場合は，そんなに簡単ではない．さらに言えば，データの主要部分をきちんと考える必要はなく，単に外れ値を同定するという目的だけであれば，パラメータを推定して外れ値を同定するという二段階ではなく，外れ値の同定に特化した方法がよいかもしれない．

3.5.5 漸近近似の注意点

3.5.1項で述べた近似分布は，厳密には次である：

$$\hat{\mu} \sim N\left(\mu_\psi, \frac{\tau^2}{n}\right), \qquad \tau^2 = \frac{E[\psi(x-\mu_\psi)^2]}{\{E[\psi'(x-\mu_\psi)]\}^2}.$$

ここで μ_ψ は次の方程式の解である：

$$E_g\left[\psi(x-\mu)\right] = 0.$$

ただし $g(x)$ は（外れ値の生成も含んだ）データ発生分布である．

母集団分布が $f(x-\mu_*)$ であるとする．ただし $f(u)$ は $u=0$ に関して左右対称とする．このとき平均は μ_* である．もしもデータに外れ値がなければ，$g(x) = f(x-\mu_*)$ となるため，適当な条件の下では $\mu_\psi = \mu_*$ を証明できる（詳しくは副項 9.3.1.1 を参照されたい）．

ところが，外れ値が混入していれば，$g(x) \neq f(x-\mu_*)$ であるため，バイアスが生じて $\mu_\psi - \mu_* \neq 0$ となるかもしれない．外れ値の割合が小さければ，この差が小さくなるようにロバスト推定は作られていることが多いので，あまり気にしなくてよい．しかし，外れ値の割合が大きい場合には，このバイアスは無視できないことがある．そのため，近似分布で，μ_ψ を μ_* で置き換えるところに無理が生じることがある（実は，標準偏差の推定でも，バイアスが生じる）．このあたりのバイアスの議論に関しては，8.2節や8.3節を参照されたい．

また，分散 τ^2 における期待値を標本平均で近似しているが，標本平均は，すでに例示されているように，ロバストとは限らない．そのため，外れ値の混入があるとき，分散の推定値 $\hat{\tau}^2$ が妥当かどうかは分からない．とはいえ，やはり，外れ値の割合が小さければ，この差は小さくなるように，ロバスト推定は作られていることが多いので，あまり気にしなくてよい．しかし，外れ値の割合が大きい場合には，このバイアスが無視できないことがあるので，注意が必要である．

外れ値の割合が大きいときでも妥当にロバスト推定する手法については，

10 章を参照されたい．

3.6　Rでのプログラム例

3.6.1　推定

本節では，次の 10 個のデータを基本として，平均パラメータの推定のパフォーマンスを例示する：

$$5.8, 4.7, 3.9, 6.2, 5.0, 6.6, 4.5, 4.2, 5.5, 3.6.$$

標本平均は 5 で標本分散は 1.00 である．

具体的には，中央値・フーバー型・Bisquare 型・重み付き型，を比較した．前者の三つはロバスト統計では代表的である．フーバー型と Bisquare 型は，パッケージ MASS の rlm という関数を使った[7]．しきい値などに関してはデフォルトの設定を使った．重み付き型は重みとして $\phi(x;\mu,\sigma)^{0.5}$ を使った．プログラムは著者が作っている．具体的なプログラムは 3.6.3 項に書いてある．関数名は gamnorm である（なお，重み付き型に関しては，3.10.3 項のアルゴリズムを使って，尺度も同時に推定した）．

まずは外れ値なしで行った．

```
> x = c(5.8, 4.7, 3.9, 6.2, 5.0, 6.6, 4.5, 4.2, 5.5, 3.6)
> median( x )
> library(MASS)
> rlm( x ~ 1 )　（注意：デフォルトはフーバー型である）．
> rlm( x ~ 1, psi = psi.bisquare )
> gamnorm( x, gamma=0.5 )
```

ここで，rlm(x ~ 1) の結果だけ，そのまま表示する：

```
> rlm( x ~ 1 )
Call:
rlm(formula = x ~ 1)
Converged in 2 iterations

Coefficients:
```

[7] robustbase というパッケージでもロバスト法は実行できる．

```
(Intercept)
4.999478


Degrees of freedom:  10 total; 9 residual
Scale estimate:   1.19
```

平均の推定値は `4.999478` となっている．後に，信頼区間の構成や検定で必要になる標準偏差の推定値は `Scale estimate` として表れている．

それぞれの平均の推定値の結果を表 3.1 に載せている．次に外れ値 10 を一つ入れた（その場合のプログラム例は簡単なので省略する）．その後にさらに外れ値 15 を入れた．それぞれ結果も表 3.1 に載せている．

表 3.1 推定値

	中央値	フーバー型	Bisquare 型	重み付き型	MM 法
外れ値なし	4.85	5.00	4.99	4.95	4.99
($x_{\mathrm{out}} = 10$)	5.00	5.20	5.02	4.96	5.10
($x_{\mathrm{out}} = 10, 15$)	5.25	5.42	5.13	4.96	5.16

すべての方法が外れ値に強いことが見て取れる．フーバー型は最下降型ではないので大きな外れ値に少し弱めだと分かる．そして，重み付き型は，外れ値が二つになっても，推定値にあまり変化がないことが分かる．その数学的な理由は第 10 章で述べることになる．

また，今回は，通常の M 推定法を用いたが，MM 推定法という発展的な方法もある（4.9 節）．そこで MM 推定も上記の例に使ってみた．しかし，重み付き法ほどは，バイアスは小さくなっていない．

3.6.2 検定

本節では，帰無仮説 $H_0 : \mu = 4$ を，Bisquare 型を利用して検定するプログラムを表す：

```
> x = c(5.8, 4.7, 3.9, 6.2, 5.0, 6.6, 4.5, 4.2, 5.5, 3.6)
> library(MASS)
> a = rlm( x ~ 1, psi = psi.bisquare )
> t = ( a$coefficients - 4 ) / (a$s/sqrt(length(x)))
> pvalue = 2*( 1 - pnorm(abs(t)) )
```

結果的に pvalue の値は 0.0085 となり，1%有意となった．

3.6.3 関数 gamnorm

3.6.1項で利用された関数 gamnorm を以下に記しておく．3.10.3項のアルゴリズムを基にした関数である．

```
gamnorm <- function(x,gamma=0.5,ws=1.5,ns=10^2,eps=10^(-4)){
  mu0 <- median(x)
  s0 <- ws*mad(x)
  for( is in 1:ns ){
    weight <- dnorm(x,mu0,s0)^gamma
    weight <- weight/sum(weight)
    mu1 <- sum( x*weight )
    s1 <- sqrt( (1+gamma) * sum( (x-mu1)^2*weight ) )
    err <- abs(mu1-mu0)+abs(s1-s0)
    if( err < eps ) break;
    mu0 <- mu1
    s0 <- s1
  }
  return( list(mu1,s1) )
}
```

標準偏差の初期値を少し工夫している．この工夫については7.3節に触れている．収束条件に関しては，データによっては，工夫したほうがよいであろう．

3.7 ロス関数

本節では，平均パラメータに関するM推定方程式に対応するロス関数を与えることにする．ロス関数は次で表すことにする：

$$\sum_{i=1}^{n} \rho(x_i - \mu).$$

その微分として，M推定方程式が現れる：

$$\sum_{i=1}^{n} \psi(x_i - \mu) = 0, \qquad \psi(y) = \frac{d}{dy}\rho(y).$$

この逆を考えれば対応するロス関数が得られる．

標本平均は次の M 推定方程式の解だった：

$$\sum_{i=1}^{n}(x_i - \mu) = 0.$$

対応するロス関数としては，次の二乗誤差が考えられる：

$$\sum_{i=1}^{n}(x_i - \mu)^2.$$

つまり，この場合は，$\rho(y) = y^2$ が考えられる．刈り込み型の M 推定方程式は次であった：

$$\sum_{i=1}^{n}\psi(x_i - \mu) = 0, \qquad \psi(y) = \begin{cases} y & |y| \leq c \\ 0 & |y| > c \end{cases}.$$

対応するロス関数としては，次が考えられる：

$$\sum_{i=1}^{n}\rho(x_i - \mu), \qquad \rho(y) = \begin{cases} y^2 & |y| \leq c \\ c^2 & |y| > c \end{cases}.$$

フーバー型の M 推定方程式は，次であった：

$$\sum_{i=1}^{n}\psi(x_i - \mu) = 0, \qquad \psi(y) = \begin{cases} -c & y < -c \\ y & |y| \leq c \\ c & y > c \end{cases}.$$

対応するロス関数としては，次が考えられる：

$$\sum_{i=1}^{n}\rho(x_i - \mu), \qquad \rho(y) = \begin{cases} y^2 & |y| \leq c \\ 2c|y| - c^2 & |y| > c \end{cases}.$$

Bisquare 型の M 推定方程式は，次であった：

$$\sum_{i=1}^{n}\psi(x_i - \mu) = 0, \qquad \psi(y) = \begin{cases} y\left\{1 - (y/c)^2\right\}^2 & |y| \leq c \\ 0 & |y| > c \end{cases}.$$

対応するロス関数としては，次が考えられる：

$$\sum_{i=1}^{n}\rho(x_i - \mu), \qquad \rho(y) = \begin{cases} 1 - \left\{1 - (y/c)^2\right\}^3 & |y| \leq c \\ 1 & |y| > c \end{cases}.$$

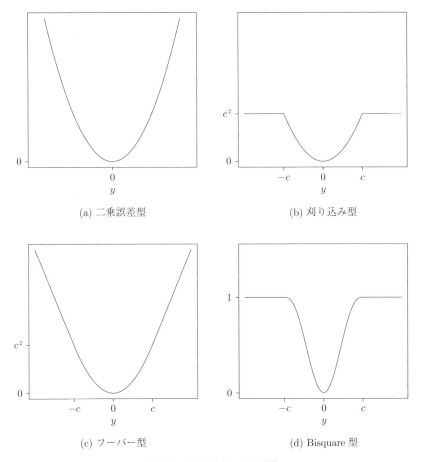

図 3.6 対応するロス関数

上記で得られたロス関数は図 3.6 に表している．

最後に重み付き型を考えよう．M 推定方程式は，次であった：

$$0 = \sum_{i=1}^{n} \phi(x_i; \mu, \sigma)^\gamma (x_i - \mu) = \sum_{i=1}^{n} \phi(x_i - \mu; 0, \sigma)^\gamma (x_i - \mu).$$

対応するロス関数は次のように簡単なものになる：

$$-\sum_{i=1}^{n} \phi(x_i - \mu; 0, \sigma)^\gamma.$$

ロス関数は $\psi(y) = -\phi(y; 0, \sigma^2)^\gamma$ なので，密度関数を逆にしたような形になる．Bisquare 型のロス関数に似ている．実は，$\gamma = 1$ のときは，このロス関

数は L_2 ダイバージェンスと関係があり，昔から外れ値にかなり強い推定量をもたらすと知られていた．詳細は第 10 章を参照されたい．

3.8 推定方程式の不偏性

　本節は，少しややこしい話であり，ロバスト統計を使うという立場から考えると，あまり重要ではない．そのため，詳細に理解しなくても，なんとなく分かれば，本書を読むのに問題はない．

　3.2 節では様々な核関数 $\psi(y)$ が提示された．そこでは，すべての核関数が，次の性質を満たしていたことに気づいただろうか：

$$\psi(y) \text{ は奇関数} \quad (\psi(-y) = -\psi(y)).$$

本節ではこの性質の必要性を議論する．

　M 推定量 $\hat{\mu}$ は次の性質を満たしていた：

$$0 = \frac{1}{n}\sum_{i=1}^{n} \psi(x_i - \hat{\mu}).$$

ここで，M 推定量 $\hat{\mu}$ は，標本数 n を無限大にすると，真値 μ に収束することを，当然のように期待するであろう：

$$\hat{\mu} \longrightarrow \mu.$$

ここで，母集団の密度関数を，$f(x - \mu)$ で表すことにする．このとき，大数の法則から，次が成り立つ：

$$0 = \frac{1}{n}\sum_{i=1}^{n} \psi(x_i - \hat{\mu}) \xrightarrow{P} E_{f(x-\mu)}[\psi(x - \mu)].$$

（ここで漸近理論の知識をほんの少しだけ使っている．これが分からない場合は，本書の 9.1 節を読んでから，本節に戻って読み直すことを薦める）．以上から，標本数 n を無限大にしたイメージから，次の等式が必要だと分かる：

$$0 = E_{f(x-\mu)}[\psi(x-\mu)] = \int \psi(x-\mu)f(x-\mu)dx = \int \psi(y)f(y)dy. \quad (3.1)$$

ここで，母集団分布 $f(x - \mu)$ が $x = \mu$ に関して左右対称である，言い換えれば，密度関数 $f(y)$ は $y = 0$ に関して左右対称であったことに注目しよう．

そのため，$\psi(y)$ が奇関数であれば，式 (3.1) は常に成り立つことを示せる：

$$\int_{-\infty}^{\infty} \psi(y)f(y)dy = \int_0^{\infty} \psi(y)f(y)dy + \int_{-\infty}^0 \psi(y)f(y)dy$$
$$= \int_0^{\infty} \psi(y)f(y)dy + \int_{\infty}^0 \psi(-z)f(-z)(-1)dz$$
$$= \int_0^{\infty} \psi(y)f(y)dy + \int_0^{\infty} \{-\psi(z)\}f(z)dz$$
$$= 0.$$

また，式 (3.1) が，すべての左右対称な密度関数 $f(y)$ に対して成り立つとすると，結果的に，$\psi(y)$ は奇関数となる（これは簡単な証明を必要とするが省略する）．これらの事実から「$\psi(y)$ は奇関数」と設定されたのである．もしも $\psi(y)$ が奇関数でないのであれば，何らかの密度関数 $f(y)$ に対して矛盾が起きて，M 推定量 $\hat{\mu}$ が真値 μ に収束しなくなってしまう．

この話は，より一般の話に拡張される．M 推定量 $\hat{\theta}$ は次の性質を満たす：

$$0 = \frac{1}{n}\sum_{i=1}^n \psi(x_i;\hat{\theta}).$$

ここで，M 推定量 $\hat{\theta}$ は，標本数 n を無限大にすると，真値 θ に収束することを，当然のように期待するであろう：

$$\hat{\theta} \longrightarrow \theta.$$

ここで，母集団の密度関数を，$f(x;\theta)$ で表すことにする．このとき，大数の法則から，次が成り立つ：

$$0 = \frac{1}{n}\sum_{i=1}^n \psi(x_i;\hat{\theta}) \xrightarrow{P} E_{f(x;\theta)}[\psi(x;\theta)].$$

結果的に，標本数 n を無限大にしたイメージから，次の等式が必要だと分かる：

$$0 = E_{f(x;\theta)}[\psi(x;\theta)].$$

これを **推定方程式の不偏性**[8] という．M 推定量の一致性のためには，この性質が必要である．

なお，核関数が不偏でないときには，次のような置き換えを行えば，不偏性を満たすようにすることができる：

推定方程式の不偏性

[8] 推定量の不偏性に似ていることを確認されたい．

$$\psi(x;\theta) \longrightarrow \tilde{\psi}(x;\theta) = \psi(x;\theta) - E_{f(x;\theta)}[\psi(x;\theta)].$$

当たり前だが，$E_{f(x;\theta)}[\tilde{\psi}(x;\theta)] = 0$ という不偏性を満たす．

3.9 尺度のM推定

　本節では，平均が 0 の場合に，尺度の M 推定を考えることにする．前章と同様に，尺度の推定になった瞬間に，急に話は難しくなる．本節に関しては，詳細に理解しなくても構わない．なんとなく分かれば，本書を読むのに問題はない．

3.9.1 尤度に基づく考え方

　最初に次のモデルを考えることにしよう：

$$x = \sigma u, \quad u \sim f(u).$$

ここで f は確率変数 u の密度関数である．このとき，x の密度関数は $f(x/\sigma)/\sigma$ で表せる．その結果として，最尤推定量は，次のように表現できる：

$$\begin{aligned}\hat{\sigma} &= \arg\max_{\sigma} \sum_{i=1}^{n} \log\left(\frac{1}{\sigma} f\left(\frac{x_i}{\sigma}\right)\right) \\ &= \arg\max_{\sigma} \left\{\sum_{i=1}^{n} \log f\left(\frac{x_i}{\sigma}\right) - n\log\sigma\right\}.\end{aligned}$$

これの微分を考えて，数式を整理することによって，$\hat{\sigma}$ は次の推定方程式の解となる：

$$\frac{1}{n}\sum_{i=1}^{n} \zeta\left(\frac{x_i}{\sigma}\right) = 1. \tag{3.2}$$

ここで，

$$\zeta(u) = -u\frac{d}{du}\log f(u)$$

である．推定方程式の右辺が 0 という表現ではないので，M 推定方程式の通常の表現とは違うが，この表現が標準なので，こちらを採用することにする．
　ここで，u の分布が標準正規分布であったとしよう．このとき，核関数は

$\zeta(u) = u^2$ となる．この核関数は，$|u|$ が大きいと大きくなるので，推定方程式 (3.2) から得られる尺度パラメータ σ の推定値は外れ値に弱いと考えられる．そのため，平均パラメータの推定のときのように，外れ値の悪影響を弱めるためには，核関数 ζ として何を使うかが思案のしどころとなる．

なお，密度関数 $f(u)$ は，通常は左右対称を想定するであろう．つまり，偶関数であると想定するであろう．その結果として，関数 $(d/du)\log f(u)$ は奇関数となるので，以下では，核関数 $\zeta(u)$ として偶関数を想定することにする．

3.9.2 例

まずは，平均パラメータの推定のときのように，密度関数として自由度 ν の t 分布を仮定してみよう．この分布のときは，外れ値が観測されることは想定内なので，外れ値に強い推定方程式が得られることが期待できる．実際に，核関数としては，次が得られる：

$$\zeta(u) = (\nu+1)\frac{u^2}{\nu+u^2}.$$

これは有界な関数なので，外れ値には強いと思われる．ただし，推定方程式の右辺の 1 を考慮に入れて，M 推定方程式の核関数 $\psi(u) = \zeta(u) - 1$ を考えると，$\lim_{|u|\to\infty}\psi(u) = \nu$ となるので，平均パラメータの推定のときと違って，推定方程式は再下降型ではない．

核関数 $\zeta(z)$ は偶関数なので，このほかにも，3.7 節のロス関数なども考えられる．そこでは，$|x_i/\sigma| > c$ を満たすデータは，何らかの意味で推定方程式への影響を抑えられることになる．ここでは，核関数が有界であり，よく使われている Bisquare 型の場合だけ考えることにする：

$$\rho(y) = \begin{cases} 1 - \{1-(y/c)^2\}^3 & |y| \leq c \\ 1 & |y| > c \end{cases}.$$

詳細は省くが，通常は $\zeta(u) = 2\rho(u)$ が利用されている．ただし，推定方程式の右辺の 1 を考慮に入れて，M 推定方程式の核関数 $\psi(u) = \zeta(u) - 1$ を考えると，$\lim_{|u|\to\infty}\psi(u) = 1$ となるので，平均パラメータの推定のときと違って，推定方程式は再下降型ではない．

残りの問題は，しきい値 c の決め方である．MAD は陽に書けていたので，推定量の不偏性を考えることによって，適当に調整項を決めて，正規性の下で不偏な推定量 MADN を作ることができた．しかし，推定方程式の解だと，その方法は採用できない．そこで，その代わりに，しきい値 c を，3.8 節の推

定方程式の不偏性を満たすように決めることにする．それによって，推定量の一致性が保証されることになる．たとえば，u が標準正規分布に従う場合は，$c = 1.56$ となる．

3.9.3　数値アルゴリズム

3.4節と同様に数値アルゴリズムを考えてみる．まずは推定方程式を次のように変形する：

$$1 = \frac{1}{n}\sum_{i=1}^{n} \zeta\left(\frac{x_i}{\sigma}\right)$$
$$= \frac{1}{n}\sum_{i=1}^{n} \frac{\zeta(x_i/\sigma)}{(x_i/\sigma)^2}\left(\frac{x_i}{\sigma}\right)^2.$$

ここで次の重みを用意する：

$$W(u) = \zeta(u)/u^2 \quad \text{for } u \neq 0,$$
$$= \zeta''(0)/2 \quad \text{for } u = 0.$$

ここでは通常は満たされていると考えられる $\zeta'(0) = 0$ を想定している（この重み関数 $W(u)$ は，平均の M 推定のときと同様に，連続関数になるように設定されている）．結果として次の表現を得る：

$$1 = \frac{1}{n}\sum_{i=1}^{n} W\left(\frac{x_i}{\sigma}\right)\left(\frac{x_i}{\sigma}\right)^2.$$

そこで，適当な初期値 $\sigma^{(0)}$ から，次の更新ルールを使って，収束値を推定値とするのである：

$$\left(\sigma^{(a+1)}\right)^2 = \frac{1}{n}\sum_{i=1}^{n} W\left(\frac{x_i}{\sigma^{(a)}}\right) x_i^2.$$

$$\sigma^{(0)} \to \sigma^{(1)} \to \cdots \to \sigma^{(a)} \to \sigma^{(a+1)} \to \cdots.$$

初期値としては，たとえば，MADN を使えばよい．

3.9.4　重み付き型

天下り的に，次の推定方程式を考える：

$$\sum_{i=1}^{n} \psi\left(\frac{x_i}{\sigma}\right) = 0, \quad \psi(u) = -(1+\gamma)\phi(u)^\gamma u^2 + \phi(u)^\gamma.$$

ただし，$\gamma > 0$ とし，$\phi(u)$ は標準正規分布の密度関数とする．この推定方程式は上記で議論したものと少し違うことを注意されたい．右辺が通常の 0 である．このとき，$\lim_{|u| \to \infty} \psi(u) = 0$ であるため，M 推定方程式は再下降型である．また，x_i が $N(0, \sigma^2)$ に従うとき，推定方程式の不偏性を満たす．

ここで数値アルゴリズムを考えてみよう．推定方程式は次のように変形できる：

$$\sum_{i=1}^{n} \phi\left(\frac{x_i}{\sigma}\right)^{\gamma} = (1+\gamma) \sum_{i=1}^{n} \phi\left(\frac{x_i}{\sigma}\right)^{\gamma} \left(\frac{x_i}{\sigma}\right)^2.$$

$$\sigma^2 = (1+\gamma) \sum_{i=1}^{n} w\left(\frac{x_i}{\sigma}\right) x_i^2.$$

ただし，

$$w\left(\frac{x_i}{\sigma}\right) = \phi\left(\frac{x_i}{\sigma}\right)^{\gamma} \Big/ \sum_{k=1}^{n} \phi\left(\frac{x_k}{\sigma}\right)^{\gamma}$$

とする．結果として，次の数値アルゴリズムが提案できる：

$$\left(\sigma^{(a+1)}\right)^2 = (1+\gamma) \sum_{i=1}^{n} w\left(\frac{x_i}{\sigma^{(a)}}\right) x_i^2.$$

興味深いのは $(1+\gamma)$ という項が余分についていることである．数値アルゴリズムを直観的に考えると，このような項は思いつかないであろう．しかし，この項が推定方程式の不偏性を導き，結果的に，推定量の一致性を保証する．詳しくは，第 10 章を参照されたい．

3.10 平均と尺度の同時推定

3.10.1 平均の M 推定と中央絶対偏差の組合せ

標準偏差の推定値である正規化された中央絶対偏差は以下のように定義された：

$$\mathrm{MADN}(\mathcal{X}) = \frac{1}{0.675} \mathrm{Med}(\{|x_i - \mathrm{Med}(\mathcal{X})|\}_{i=1}^{n}).$$

ここでは平均 μ の推定として $\mathrm{Med}(\mathcal{X})$ を使っている．ところで，平均 μ の推定としては，M 推定を使いたいと考えたとしよう．しかしながら，一般に，M

推定を使うには，尺度 σ の値が必要である．そこで，一方を推定するには他方が必要になり，ジレンマが生じる．そこで，初期値として $\mu^{(0)} = \text{Med}(\mathcal{X})$ を与えて，次に MADN に基づいて新しい尺度推定値 $\sigma^{(1)}$ を得る．この尺度推定値を利用して M 推定を行い，得られた推定値を $\mu^{(1)}$ とする．これを利用して，また，MADN に基づいて，新しい尺度推定値 $\sigma^{(2)}$ を得る．これを収束するまで繰り返すのである：

$$\mu^{(0)} = \text{Med}(\mathcal{X}) \xrightarrow{\text{MADN}} \sigma^{(1)} \xrightarrow{\text{M-estimation}} \mu^{(1)} \xrightarrow{\text{MADN}} \sigma^{(2)} \xrightarrow{\text{M-estimation}} \mu^{(2)} \xrightarrow{\text{MADN}} \cdot$$

この更新ルールの収束値を推定値とする．

3.10.2 尤度に基づく考え方

最初に次のモデルを考えることにしよう：

$$x = \mu + \sigma u, \qquad u \sim f(u).$$

ここで，f は確率変数 u の密度関数である．このとき，x の密度関数は $f((x-\mu)/\sigma)/\sigma$ で表せる．その結果として，最尤推定量は次のように表現できる：

$$\begin{aligned}(\hat{\mu}, \hat{\sigma}) &= \arg\max_{(\mu, \sigma)} \sum_{i=1}^{n} \log\left(\frac{1}{\sigma} f\left(\frac{x_i - \mu}{\sigma}\right)\right) \\ &= \arg\max_{(\mu, \sigma)} \left\{\sum_{i=1}^{n} \log f\left(\frac{x_i - \mu}{\sigma}\right) - n \log \sigma\right\}.\end{aligned}$$

これの微分を考えて，数式を整理することによって，次の推定方程式を得る：

$$\frac{1}{n} \sum_{i=1}^{n} \psi\left(\frac{x_i - \mu}{\sigma}\right) = 0. \qquad \frac{1}{n} \sum_{i=1}^{n} \zeta\left(\frac{x_i - \mu}{\sigma}\right) = 1.$$

ここで，

$$\psi(u) = -\frac{d}{du} \log f(u), \qquad \zeta(u) = -u \frac{d}{du} \log f(u),$$

である．あとは，適当に，$\psi(u)$ と $\zeta(u)$ を選ぶのである．数値アルゴリズムについては，3.4 節と 3.9.3 項を組み合わせて同様に考えることができる．

3.10.3 重み付き型

天下り的に，推定方程式を与えておく：

$$0 = \sum_{i=1}^{n} \phi(x;\mu,\sigma)^{\gamma}(x_i - \mu),$$

$$0 = \sum_{i=1}^{n} \left\{ -(1+\gamma)\phi(x_i;\mu,\sigma)^{\gamma} \frac{(x_i - \mu)^2}{\sigma^2} + \phi(x_i;\mu,\sigma)^{\gamma} \right\}.$$

推定方程式に基づいて次の数値アルゴリズムを考える：

$$w(x_i;\mu,\sigma) = \phi(x_i;\mu,\sigma)^{\gamma} \Big/ \sum_{k=1}^{n} \phi(x_k;\mu,\sigma)^{\gamma},$$

$$\mu^{(a+1)} = \sum_{i=1}^{n} w\left(x_i;\mu^{(a)},\sigma^{(a)}\right) x_i,$$

$$\left(\sigma^{(a+1)}\right)^2 = (1+\gamma) \sum_{i=1}^{n} w\left(x_i;\mu^{(a)},\sigma^{(a)}\right) \left(x_i - \mu^{(a+1)}\right)^2.$$

平均も分散も，更新式が重み付き平均として表現されていて分かりやすい形である．特徴的なのは，尺度の更新式において，3.9.4項と同様に，$(1+\gamma)$という項がかかっていることである．

　上記の推定方程式はどうやって出てくるのであろうか．残念ながら，そんなに簡単に説明できない．以下では本当に概略だけを述べる．距離のようなものとしてダイバージェンスというものがある．最尤推定量は，実は，KLダイバージェンスと深い関係がある．データに基づく経験密度関数とパラメトリック密度関数$f(x;\theta)$との乖離度を，KLダイバージェンスで測って，その二つの乖離度を最小にするパラメータθが最尤推定量になる．上記の推定方程式は，KLダイバージェンスの代わりに，ガンマ・ダイバージェンスを使うと得ることができる．ということで，ガンマ・ダイバージェンスが何か分かりさえすれば，いたってシンプルな考え方である．ガンマ・ダイバージェンスに関しては第10章を参照されたい．ガンマ・ダイバージェンスに基づいて作られたロバスト推定量は，外れ値の割合が小さくなくても潜在バイアスを十分に小さくできるとか，ある種のピタゴリアン関係が成り立つとか，単調減少性をもつパラメータ推定アルゴリズムが作れるとか，いくつかの良い性質を持っている．また，ある種のクラスでは，外れ値の割合が小さくなくても潜在バイアスを十分に小さくできる方法は，ガンマ・ダイバージェンスに基づいた方法だけということも証明されている．

4 線形回帰モデル

本章では線形回帰モデルに対するロバスト推定を考える．通常の推定の場合は，独立同一標本でのパラメータ推定と線形回帰モデルのパラメータ推定は，そんなに違わない．しかし，ロバスト推定の場合は，独立同一標本でのロバスト推定と，線形回帰モデルのロバスト推定では，明らかに難しさが一段階違う．

4.1 例

まずは最初に例を挙げよう．図 4.1 を見てほしい．○はデータ点である．右下にある三つの点は外れ値として加えたものである．データ数は 20 である．外れ値の三つを外して最小二乗推定した直線が実線である．これがターゲットとなる直線である．すべてのデータに基づいて最小二乗推定を行って得られた直線は波線である．右下の外れ値に引きずられて傾きがかなり小さくなっている．一点破線は LTS 法と呼ばれるロバストな手法である．残念ながら，ずれている．実は，この図には，他にも二つの直線が混じっている．それは実線とほぼ同じのため隠れて見えなくなっている．そのぐらい良い直線を推定している．Bisquare 型と重み付き型に基づく方法である．この例に関しては詳しくは 4.6 節で改めて取り扱う．

最小二乗法に基づく方法と Bisquare 型に基づくロバストな方法によって得られた回帰直線とデータ点との誤差のプロットを図 4.2 に載せている．ロバスト法による誤差は，最小二乗法による誤差と比べると，全体的に絶対値が小さく，ただし，外れ値に対しては，ロバスト法は逆に誤差の絶対値が大きい．ロバスト法は，外れ値に対する誤差は（重要ではないので）影響を小さく見積もり，重要なデータの誤差はきちんと見積もって，そういう感じの累積誤差を小さくすることを意識しているためである（どのような誤差を見積

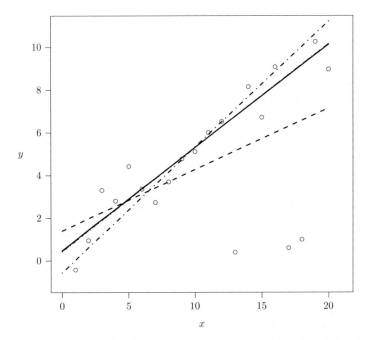

図 4.1 データ散布図と推定曲線. 破線：最小二乗法. 実線：最小二乗法（外れ値なし）. 一点破線：LTS. 長い破線：Bisquare 型. 点線：重み付き型

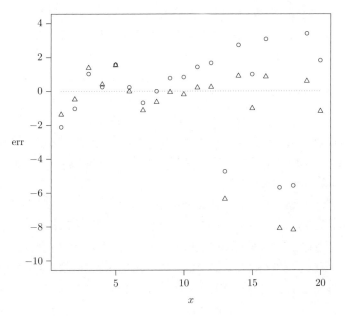

図 4.2 回帰誤差. ○は最小二乗法による回帰誤差. △は Bisquare 法による回帰誤差

もっているのかは，後述する）．

4.2　最小二乗法に基づく推定

本節では線形回帰モデルに対する通常の推定方法を非常に簡単に説明する．本書の読者は線形回帰モデルの知識はあると思われる．しかしながら，最初に復習をすることにより，後の理解をよりスムーズにすると考える．とはいえ，そういうことは「十分に」知っているという読者は，この節を飛ばしてもよいであろう．

まずは線形回帰モデルを用意する：

$$y = \beta_0 + \beta_1 x_1 + \cdots + \beta_p x_p + e.$$

標本数が n であるとき，次のように表現する：

$$y_i = \beta_0 + \beta_1 x_{i1} + \cdots + \beta_p x_{ip} + e_i, \quad i = 1, \ldots, n.$$

これをベクトル表現すると次になる：

$$y_i = \boldsymbol{\beta}^T \boldsymbol{x}_i + e_i.$$
$$\boldsymbol{y} = X\boldsymbol{\beta} + \boldsymbol{e}.$$

ただし，

$$\boldsymbol{\beta} = (\beta_0, \beta_1, \ldots, \beta_p)^T, \quad \boldsymbol{y} = (y_1, \ldots, y_n)^T, \quad \boldsymbol{e} = (e_1, \ldots, e_n)^T,$$
$$\boldsymbol{x}_i = (1, x_{i1}, \ldots, x_{ip})^T, \quad X = (x_{ij}) = (\boldsymbol{x}_1, \ldots, \boldsymbol{x}_n)^T,$$

である．

回帰パラメータ $\boldsymbol{\beta}$ の推定には，次のように，最小二乗法を使うのが一般的である：

$$\hat{\boldsymbol{\beta}} = \arg\min_{\boldsymbol{\beta}} \sum_{i=1}^n (y_i - \beta_0 - \beta_1 x_{i1} - \cdots - \beta_p x_{ip})^2$$
$$= \arg\min_{\boldsymbol{\beta}} \|\boldsymbol{y} - X\boldsymbol{\beta}\|^2.$$

これを解くと，次が得られる：

$$\hat{\boldsymbol{\beta}} = (X^T X)^{-1} X^T \boldsymbol{y}.$$

これは最小二乗推定量と呼ばれる（また，誤差分布に正規分布を仮定したときの，最尤推定量でもある）．分散の推定量は，自由度を考慮して，次が使われる：

$$\hat{\sigma}^2 = \frac{1}{n-p-1}\sum_{i=1}^{n}(y_i - \hat{\beta}_0 - \hat{\beta}_1 x_{i1} - \cdots - \hat{\beta}_p x_{ip})^2$$
$$= \frac{1}{n-p-1}\|\boldsymbol{y} - X\hat{\boldsymbol{\beta}}\|^2.$$

誤差分布が正規分布 $N(0, \sigma^2)$ に従うと仮定しよう．最小二乗推定量 $\hat{\boldsymbol{\beta}}$ は次の分布に従う：

$$\hat{\boldsymbol{\beta}} \sim N\left(\boldsymbol{\beta}, \sigma^2 (X^T X)^{-1}\right).$$

分散の推定量は次の性質をもつ：

$$(n-p-1)\hat{\sigma}^2/\sigma^2 \sim \chi^2_{n-p-1}.$$

ここで h_{jj} を行列 $H = (X^T X)^{-1}$ の (j, j) 成分であるとする．上記の二つの性質から，

$$T_j = \frac{\hat{\beta}_j - \beta_j}{\sqrt{\hat{\sigma}^2 h_{jj}}}$$

が自由度 $n-p-1$ の t 分布に従うことが分かり，それを利用して，回帰パラメータ β_j に対して，信頼水準 95% の信頼区間を作れる：

$$\left[\hat{\beta}_j - t^*_{n-p-1}\sqrt{\hat{\sigma}^2 h_{jj}}, \hat{\beta}_j + t^*_{n-p-1}\sqrt{\hat{\sigma}^2 h_{jj}}\right].$$

ただし t^*_{n-p-1} は自由度 $n-p-1$ の t 分布の両側 5% 点である．検定も同様に考えられる．

誤差分布が正規分布に従わないときを考えよう（この場合に関しては 9.2 節にも触れている）．このとき，誤差が独立同一分布に従うなどの仮定の下では，標本数が十分に大きければ最小二乗推定量 $\hat{\boldsymbol{\beta}}$ は近似的に正規分布に従い，分散の推定量 $\hat{\sigma}^2$ は σ^2 に確率収束する．これらを使うと，回帰パラメータの近似的な信頼区間や検定も構成できる．ただし，t^*_{n-p-1} は，標準正規分布の両側 5% 点に取り換えることになる．

4.3 ロス最小化に基づくロバスト推定

4.3.1 ロス最小化

中央値は，実は，L_1 ロス $\sum_{i=1}^{n} |x_i - \mu|$ の最小化と捉えることもできる．そのアイデアを援用して，回帰パラメータ $\boldsymbol{\beta}$ を，二乗ロス最小化ではなくて，L_1 ロス最小化として考えることにしよう．この方法は，**最小絶対偏差** (Least Absolute Deviance; LAD) **法**という：

$$\hat{\boldsymbol{\beta}} = \arg\min_{\boldsymbol{\beta}} \sum_{i=1}^{n} |r_i(\boldsymbol{\beta})|$$
$$= \arg\min_{\boldsymbol{\beta}} \sum_{i=1}^{n} |y_i - \boldsymbol{\beta}^T \boldsymbol{x}_i|.$$

最小絶対偏差法

対応する推定方程式は次になる：

$$\sum_{i=1}^{n} \mathrm{sgn}\left(r_i(\boldsymbol{\beta})\right) \boldsymbol{x}_i = 0.$$

ここで $\mathrm{sgn}(a)$ は a の符号を表す．この結果として，M 推定としての核関数 $\mathrm{sgn}(r_i(\boldsymbol{\beta}))$ は有界なので，推定値 $\hat{\boldsymbol{\beta}}$ は外れ値に強いと考えられる（ここでは説明変数 $\boldsymbol{x}$ には外れ値がないと考えている．説明変数にも外れ値が想定される場合は 4.7 節で議論する）．

その他にも，通常使われる二乗誤差の累積和ではなくて中央値を最小にするという考え方がある．それを**二乗誤差中央値最小化** (Least Median of Squares; LMS または LMedS) **法**という：

二乗誤差中央値最小化法

$$\hat{\boldsymbol{\beta}} = \arg\min_{\boldsymbol{\beta}} \mathrm{Med}\left(\{r_i(\boldsymbol{\beta})^2\}_{i=1}^{n}\right).$$

また，以前と同様に，中央値では，情報を捨てすぎているので，刈り込み平均を使うという考え方もある．二乗誤差が小さいほうからいくつかを足したものを最小化する方法を，**二乗誤差刈り込み平均最小化** (Least Trimmed Squares; LTS) **法**という：

二乗誤差刈り込み平均最小化法

$$\hat{\boldsymbol{\beta}} = \arg\min_{\boldsymbol{\beta}} \sum_{i=1}^{q} r_{[i]}(\boldsymbol{\beta})^2.$$

ここで，$q = \lfloor (n+p+1)/2 \rfloor$ がよく使われている．

また，次のような凝った方法もある（このパラグラフはややこしいので，分からなかったら飛ばしても問題ない）．まずは，誤差 r_i を知っていたとして，3.9 節で紹介した M 推定の考え方によって，最初に尺度を推定しよう．そこで得られた推定値を $\hat{\sigma}(\boldsymbol{r})$ と表しておく．ここで $\boldsymbol{r} = (r_1, \ldots, r_n)^T$ である．この尺度推定値を最小にする回帰パラメータ $\boldsymbol{\beta}$ は良い推定値であろう．そこで次のように推定値を考える：

$$\hat{\boldsymbol{\beta}} = \arg\min_{\boldsymbol{\beta}} \hat{\sigma}(\boldsymbol{r}(\boldsymbol{\beta})).$$

S 推定値

これは **S 推定値** (S-estimate) と呼ばれている．尺度の M 推定の核関数としては Bisquare 型が推奨されている．

上述したロバスト推定はどれも直観に訴える．しかし，漸近効率が低いなどの，あまり望ましくない短所がある．そのため，漸近効率が高い推定量を得るための数値アルゴリズムの初期値として使われたりもする．詳細については，たとえば，Maronna *et al.* (2006) を参照されたい．

4.3.2 尺度推定

回帰パラメータの推定値 $\hat{\boldsymbol{\beta}}$ を使えば，誤差を $\hat{r}_i = r_i(\hat{\boldsymbol{\beta}})$ によって推定できる．これの二乗の標本平均を分散の推定にするのは通常の推定である．しかし，すでに述べられているように，それでは，外れ値の悪影響を被るかもしれない．そこで，以前に使った中央絶対偏差の考え方を使って，次のように尺度を推定することにしよう：

$$\hat{\sigma} = \frac{1}{0.675} \mathrm{Med}\left(\{|\hat{r}_i|\}_{i=1}^n\right). \tag{4.1}$$

これは単純な尺度の推定方法である．

ただ，中央絶対偏差に基づいた推定には，工夫が施されることがある．たとえば，回帰パラメータが LAD 推定されたときは，$\hat{r}_i \neq 0$ である推定値 $\hat{r}_i$ だけを使って中央値を考えることが一般的である．LMS 法や LTS 法の場合は，それぞれ独自の推定方法も考えられている．

4.4 M 推定に基づくロバスト推定

本節は，基本的には，独立同一標本のときの考え方を，回帰モデルに適用

しているだけである．

4.4.1 M 推定

まずは最小二乗法を改めて思い出そう．それは次で表される推定方程式の解であった：

$$\sum_{i=1}^{n} r_i(\boldsymbol{\beta})\boldsymbol{x}_i = 0.$$

ただし $r_i(\boldsymbol{\beta}) = y_i - \boldsymbol{\beta}^T \boldsymbol{x}_i$ であった．

目的変数 y_i が外れ値であったとする．そのとき r_i の絶対値は大きくなるであろう．上記の推定方程式では，対応する r_i の値が推定方程式に多大な影響を与えてしまう．そこで，その悪影響を抑えるために，次のような推定方程式を考えよう：

$$\sum_{i=1}^{n} \psi(r_i(\boldsymbol{\beta}))\boldsymbol{x}_i = 0.$$

核関数 ψ としては，3.2 節で現れたものを使うことにする．結果的に，外れ値に対応する r_i の影響が，推定方程式の中で抑えられ，外れ値に強い推定値が得られると考えられるのである．

核関数を具体的に決めるためには，しきい値 c や尺度 σ の値も必要になる．しきい値 c については平均パラメータの推定時に考えた 3.3 節の考え方を使うことができる．尺度 σ の推定については 4.4.2 項で考える．尺度 σ に関してはとりあえず既知と考えておこう．

最後に推定値を得るための数値アルゴリズムを考えておく．まずは推定方程式を 3.4 節と同じ重み関数 W を使って次のように書き換える：

$$0 = \sum_{i=1}^{n} \psi(r_i(\boldsymbol{\beta}))\boldsymbol{x}_i = \sum_{i=1}^{n} \frac{\psi(r_i(\boldsymbol{\beta}))}{r_i(\boldsymbol{\beta})} r_i(\boldsymbol{\beta})\boldsymbol{x}_i$$

$$= \sum_{i=1}^{n} W(r_i(\boldsymbol{\beta}))(y_i - \boldsymbol{\beta}^T \boldsymbol{x}_i)\boldsymbol{x}_i.$$

$$\left(\sum_{i=1}^{n} W(r_i(\boldsymbol{\beta})) \boldsymbol{x}_i \boldsymbol{x}_i^T\right) \boldsymbol{\beta} = \sum_{i=1}^{n} W(r_i(\boldsymbol{\beta})) \boldsymbol{x}_i y_i.$$

これを利用して次の数値アルゴリズムを提案できる：

$$\boldsymbol{\beta}^{(a+1)} = \left(\sum_{i=1}^{n} W\left(r_i\left(\boldsymbol{\beta}^{(a)}\right)\right) \boldsymbol{x}_i \boldsymbol{x}_i^T \right)^{-1} \sum_{i=1}^{n} W\left(r_i\left(\boldsymbol{\beta}^{(a)}\right)\right) \boldsymbol{x}_i y_i.$$

4.4.2 尺度推定

4.4.2.1 克服すべき問題

本節では，回帰モデルにおける尺度パラメータ σ の推定を考える．尺度パラメータ σ の単純な推定値は次である：

$$\hat{\sigma} = \sqrt{\frac{1}{n-p-1} \sum_{i=1}^{n} r_i(\hat{\boldsymbol{\beta}})^2}.$$

ここでポイントとなるのは，尺度パラメータの推定値に，回帰パラメータの推定値 $\hat{\boldsymbol{\beta}}$ が入っていることである．

4.2 節で書かれているように，通常の平均二乗推定値 $\hat{\boldsymbol{\beta}}$ は，事前に尺度パラメータを推定する必要がない．4.3 節のような単純なロス関数最小化でも，回帰パラメータ $\boldsymbol{\beta}$ を推定するときに，事前に尺度パラメータを推定する必要はない．

しかしながら，回帰パラメータ $\boldsymbol{\beta}$ を M 推定するときは，M 推定における核関数の中にあるしきい値 c を決める際に，尺度パラメータ σ が必要となることが一般的である．結果的に，尺度パラメータ σ を推定するときには回帰パラメータ $\boldsymbol{\beta}$ を事前に推定する必要があり，しかし，回帰パラメータ $\boldsymbol{\beta}$ を推定するためには尺度パラメータ σ を事前に推定する必要があるというジレンマが生じる．

4.4.2.2 基本的な方法

先ほどの問題を克服するために，最初に考える単純な方法は，M 推定とは関係なく，尺度パラメータ σ を別に推定する方法である．4.3.1 項のような単純なロス最小化の場合は，回帰パラメータ $\boldsymbol{\beta}$ を推定するのに，尺度パラメータ σ は必要ない．そのようにして得られる推定値を $\hat{\boldsymbol{\beta}}$ とおく．その推定値 $\hat{\boldsymbol{\beta}}$ を利用して，4.3.2 項のように，尺度パラメータ σ を推定しておく．その推定値 $\hat{\sigma}$ を利用して，しきい値 c を設定して，M 推定によって回帰パラメータ $\boldsymbol{\beta}$ を推定するのである．

4.4.2.3 同時推定

その他にも，次のような数値アルゴリズムも考えられる．まずは，回帰パラメータの初期推定値 $\boldsymbol{\beta}^{(0)}$ を与える．初期値としては，平均二乗推定値や 4.3.1 項のロス最小化によるロバスト推定値も考えられる．その後に，式 (4.1) などに基づいて，新しい尺度推定値 $\sigma^{(1)}$ を得る．この尺度推定値を利用して M 推定を行う．得られた推定値を $\boldsymbol{\beta}^{(1)}$ とする．ここまでは副項 4.4.2.2 と同じである．ここから，$\boldsymbol{\beta}^{(1)}$ を利用して，式 (4.1) などに基づいて，新しい尺度推定値 $\sigma^{(2)}$ を得る．これを収束するまで繰り返すのである：

$$\boldsymbol{\beta}^{(0)} \xrightarrow{\text{MADN}} \sigma^{(1)} \xrightarrow{\text{M-estimation}} \boldsymbol{\beta}^{(1)} \xrightarrow{\text{MADN}} \sigma^{(2)} \xrightarrow{\text{M-estimation}} \boldsymbol{\beta}^{(2)} \xrightarrow{\text{MADN}} \cdot$$

尺度パラメータ σ の推定は，中央絶対偏差ではなくて，やはり M 推定を使うことも考えられる．3.9 節と同様に考えることもできる．

4.5 重み付きに基づくロバスト推定

3.10.3 項に書いているのと同じ考え方を回帰モデルに適用することで，以下の数値アルゴリズムを考えることができる（詳細は第 10 章を参照されたい）：

$$w_i(\boldsymbol{\beta}, \sigma) = \phi\left(y_i; \boldsymbol{\beta}^T \boldsymbol{x}_i, \sigma\right)^\gamma \Big/ \sum_{k=1}^n \phi\left(y_k; \boldsymbol{\beta}^T \boldsymbol{x}_k, \sigma\right)^\gamma,$$

$$\boldsymbol{\beta}^{(a+1)} = \left(\sum_{i=1}^n w_i\left(\boldsymbol{\beta}^{(a)}, \sigma^{(a)}\right) \boldsymbol{x}_i \boldsymbol{x}_i^T\right)^{-1} \sum_{i=1}^n w_i\left(\boldsymbol{\beta}^{(a)}, \sigma^{(a)}\right) \boldsymbol{x}_i y_i,$$

$$\left(\sigma^{(a+1)}\right)^2 = (1+\gamma) \sum_{i=1}^n w_i\left(\boldsymbol{\beta}^{(a)}, \sigma^{(a)}\right) r_i\left(\boldsymbol{\beta}^{(a+1)}\right)^2.$$

この更新ルールの収束値を推定値とするのである．

4.6 R でのプログラム例

まずは，次のようにして，説明変数 x と目的変数 y を用意した：

```
> n = 20
> x = 1:n
> y = 0.5*x + rnorm(n)
> dn = c(13,17,18)
> y[dn]=c(0.4,0.6,1)
> plot(x,y)
```

ここでは，13,17,18番目を外れ値にしている．実際に得られたデータ値を図 4.3 で示している．

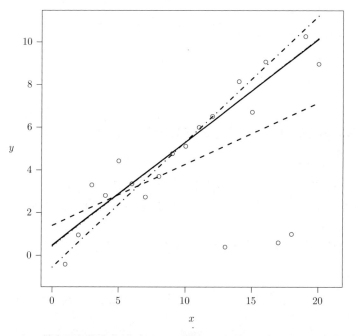

図 4.3 データ散布図と推定曲線（図 4.1 再掲）．破線：最小二乗法．実線：最小二乗法（外れ値なし）．一点破線：LTS．長い破線：Bisquare 型．点線：重み付き型

まずは最小二乗法を行ってみた．結果を以下に示している（なお，本節では，実行結果について本質的でない部分を省略している）．

```
> lm( y ~ x )
```

```
Coefficients:
(Intercept)      x
   1.4012    0.2877
```

傾きの推定値は 0.2877 である．外れ値に引きずられており，真値の 0.5 よりもかなり小さい．結果を図 4.3 に破線で表している．ところで，外れ値を外して最小二乗法を行うと，どうなるのであろうか．

```
> wx = x[-dn]
> wy = y[-dn]
> lm( wy ~ wx )
```

```
Coefficients:
(Intercept)     wx
   0.4827    0.4830
```

傾きの推定値は 0.4830 である．結果を図 4.3 に実線で表している．

モデルの真の傾きは 0.5 であった．そのため推定値 0.4830 は真値に非常に近い．ところで，注意すべき点は，手法が妥当であるかどうかは，推定値が，真値 0.5 ではなく，先ほどの推定値 0.4830 に近いかどうかで，判断すべきであろう．推定値 0.4830 を推定真値と呼ぶことにする[9]．

さらに，後のために尺度も推定しておく．

```
> w =lm( wy ~ wx )
> sd( w$residual )
```

0.8914868

推定真値は真の標準偏差 1 よりも少し小さめであった．

次に LMS 法と LTS 法を適用してみた．パッケージ MASS を読み込んだ後に関数 lqs が使える．この関数 lqs はデフォルトが LTS 法である．

```
> library(MASS)
>
```

[9] 「推定真値」という言葉は完全に造語である．また，真値よりも推定真値に近いほうがよい，という考え方は，必ずしも一般的ではないことを断っておく．

```
> lqs( y ~ x, method="lms" )

Coefficients:
(Intercept)      x
-0.5952      0.5893

Scale estimates 0.6184 0.6567

> lqs( y ~ x )

Coefficients:
(Intercept)      x
-0.5587      0.5893

Scale estimates 0.7574 0.6619
```

傾きの推定値はともに 0.5893 である．LTS の結果を図 4.3 に一点破線で表している．推定した直線から離れたデータで $(3, 3.5), (5, 4), (15, 6.5), (20, 9)$ の辺りにあるデータまでも外れ値とみなしているように見える．実際に尺度の推定値もかなり小さめである（標準偏差の推定値は，二つ現れているが，詳細はマニュアルを参照されたい）．

次に M 推定法で核関数がフーバー型の場合と Bisquare 型の場合を適用してみた．パッケージ MASS を読み込んだ後に関数 rlm が使える．この関数 rlm はデフォルトがフーバー型である．

```
> library(MASS)
>
> rlm( y ~ x )

Coefficients:
(Intercept)      x
0.7554574    0.4234618

Scale estimate: 1.24
```

```
> rlm( y ~ x, psi=psi.bisquare )

Coefficients:
(Intercept)        x
  0.4604049    0.4850585

Scale estimate:   1.3
```

傾きの推定値は 0.4235 と 0.4851 である．フーバー型は外れ値に引きずられている．ここで注目すべきは，Bisquare 型による結果は，推定真値 0.4830 に非常に近いことであろう．Bisquare 型は図 4.3 に線が長い破線で表している．とはいえ，実線と重なっていて，ほとんど差は見えない．

最後に重み付き型を適用してみた．4.5 節の数値アルゴリズムに基づいて，3.6.3 項と同様に作った関数 gamlm を使った．

```
> library(MASS)
>
> gamlm(x,y,gamma=0.5)

Coefficients:
(Intercept)        x
  0.2911798    0.5014323

Scale estimate:   0.9373030
```

傾きの推定値は 0.5014 である．推定真値 0.4830 に近い．とはいえ，少し離れている．そこで，チューニングパラメータを少し変えてみた．

```
> library(MASS)
>
> gamlm(x,y,gamma=0.2)

Coefficients:
(Intercept)        x
  0.4304360    0.4874171
```

```
Scale estimate:    0.9219879
```

傾きの推定値は 0.4874 になった．推定真値 0.4830 に非常に近い．結果を図 4.3 に点線で表している．実線と重なっていて，ほとんど差は見えない．

著者は何度もシミュレーションを行った．その結果として，上述の例と同様に，Bisquare 型と重み付き型は，傾きに関しては，良い推定値をだいたい与えたと書き加えておく．ただし，尺度の推定値については，標本数が少ないこともあり，精度の良い推定はなかなか難しいように見えた．

4.7　説明変数にも外れ値がある場合

ここでは説明変数 $\boldsymbol{x}$ にも外れ値が入った場合を考えることにしよう．推定方程式をあらためて思い出すことにする：

$$\sum_{i=1}^n \psi(r_i(\boldsymbol{\beta}))\boldsymbol{x}_i = 0.$$

厳密には，核関数は，$\psi(r_i(\boldsymbol{\beta}))$ ではなくて，$\psi(r_i(\boldsymbol{\beta}))\boldsymbol{x}_i$ である．このため，関数 ψ が有界であったとしても，核関数 $\psi(r_i(\boldsymbol{\beta}))\boldsymbol{x}_i$ は有界とは限らない．

そこで，次のように，説明変数の外れ値の程度を測る重み $\eta(d(\boldsymbol{x}))$ を付け加えることにする：

$$\sum_{i=1}^n \psi(r_i(\boldsymbol{\beta}))\boldsymbol{x}_i \eta(d(\boldsymbol{x}_i)) = 0.$$

ここで，$d(\boldsymbol{x})$ は，たとえば，マハラノビス距離 $d(\boldsymbol{x}) = (\boldsymbol{x}-\boldsymbol{\mu}_x)^T \Sigma_x^{-1}(\boldsymbol{x}-\boldsymbol{\mu}_x)$ であり，パラメータ $\boldsymbol{\mu}_x$ と Σ_x は何らかの中心ベクトルとばらつき行列とする．説明変数 $\boldsymbol{x}$ が外れ値であれば，$d(\boldsymbol{x})$ は大きくなり，関数 $\eta(d)$ は d の影響を抑えることになる．実際には，その前にある $\boldsymbol{x}$ も考慮に入れて，重み関数 η は $\boldsymbol{x}\eta(\boldsymbol{x})$ が有界になるように定める．たとえば，Bisquare 型のロス関数 $\rho(x)$ に基づいた $\eta(x) = 1 - \rho(x)$ がある．

注意すべきは，平均ベクトル $\boldsymbol{\mu}_x$ とばらつき行列 Σ_x をどうやって推定するかである．通常の標本平均や標本分散では，外れ値に悪影響を受ける可能性がある．多次元の場合のパラメータ推定については第 5 章を参照されたい．

4.8 信頼区間・検定・外れ値の同定

4.8.1 漸近的性質

回帰パラメータ $\boldsymbol{\beta}$ の M 推定量の分布を考えることにしよう．その分布が分かれば，信頼区間の構成や検定が行えるようになる．M 推定方程式は以下であるとする：

$$\sum_{i=1}^{n} \psi(r_i(\boldsymbol{\beta}))\boldsymbol{x}_i = 0.$$

適当な条件の下では，漸近理論（第 9 章）を使うことで，M 推定量 $\hat{\boldsymbol{\beta}}$ の分布は，次のように近似できる：

$$\hat{\boldsymbol{\beta}} \sim N\left(\boldsymbol{\beta}, \frac{1}{n}\hat{H}\right).$$

ここで，

$$\hat{H} = \left\{\hat{J}\right\}^{-1} \hat{K} \left\{\hat{J}^T\right\}^{-1},$$

$$\hat{J} = \frac{1}{n}\sum_{i=1}^{n} \psi'(r_i(\hat{\boldsymbol{\beta}}))\boldsymbol{x}_i\boldsymbol{x}_i^T,$$

$$\hat{K} = \frac{1}{n}\sum_{i=1}^{n} \left\{\psi(r_i(\hat{\boldsymbol{\beta}}))\right\}^2 \boldsymbol{x}_i\boldsymbol{x}_i^T$$

である．M 推定方程式に尺度推定値が入っている場合は，尺度推定値をそのまま使ってよい．なお，漸近近似の注意点に関しては，3.5.5 項と同様である．

4.8.2 信頼区間

上述された正規近似を使えば，回帰パラメータ β_j に対する信頼水準が近似的に 95% の信頼区間は，正規分布の理論に従って，次のように構成できる：

$$\left(\hat{\beta}_j - z^*\sqrt{\frac{h_{jj}}{n}},\ \hat{\beta}_j + z^*\sqrt{\frac{h_{jj}}{n}}\right).$$

ただし，h_{jj} は H の (j, j) 成分であり，z^* は標準正規分布の両側 95% 点である．

4.8.3 検定

帰無仮説が $H : \beta_j = \beta_{j0}$ であったとする．ここで次のように検定統計量を用意する：

$$T_j = \frac{\left|\hat{\beta}_j - \beta_{j0}\right|}{\sqrt{h_{jj}/n}}.$$

次のように棄却域を定めたとき，それは，有意水準が近似的に 95% の検定である：

$$T_j > z^* \implies 帰無仮説 H_0 を棄却する.$$

データから得られた実現値が t_j であるとき，対応する P 値は次で計算できる：

$$\Pr(T_j > t_j \mid H) \approx 2\{1 - \Phi(t_j)\}.$$

4.8.4 外れ値の同定

3.5.4 項で議論された，M 推定のときと同様の方法を取ることにしよう．結果的に，データ $(y, \boldsymbol{x})$ は，次を満たすときに，外れ値であるとみなすことにしよう：

$$\frac{|y - \hat{\boldsymbol{\beta}}^T \boldsymbol{x}|}{\hat{\sigma}} > z^{**}.$$

ただ，やはり 3.5.4 項で議論したように，この同定方法を使うときには，注意が必要である．

4.9 MM 推定

高い破局点[10]と高い漸近相対効率を達成する推定方法として MM 推定がある．かなり凝った方法である．本節では，その概略を述べるに留める．詳細に興味がある読者は他書を勉強されたい（たとえば Maronna et al. (2006) を参照されたい）．

次の手順で回帰パラメータの推定量を作ろう．まずは高い破局点と一致性をもつ適当な初期推定量 $\hat{\boldsymbol{\beta}}_0$ を考える．ここでは漸近相対効率は小さくてもよい．次に，初期推定量によって構成された残差 $\boldsymbol{r}(\hat{\boldsymbol{\beta}}_0)$ に基づいて，尺度 σ に対

---

[10] 8.5 節参照．破局点が高いほどロバストである．

する M 推定量 $\hat{\sigma}$ を 3.9.2 項のように構成する．このときの核関数を $\zeta_1(u)$ で表すことにする．ここで次の性質を満たす関数 $\zeta_2(u)$ を考える：$\zeta_2(u) \leq \zeta_1(u)$．これを基にして次のロス関数を考える：

$$L(\boldsymbol{\beta}) = \sum_{i=1}^{n} \zeta_2\left(\frac{r_i(\boldsymbol{\beta})}{\hat{\sigma}}\right).$$

MM 推定量 $\hat{\boldsymbol{\beta}}$ は次を満たす臨界値とする：

$$L(\hat{\boldsymbol{\beta}}) \leq L(\hat{\boldsymbol{\beta}}_0).$$

この推定量は，初期推定量の性質を引き継いでおり，高い破局点と一致性をもつ．また，漸近相対効率は，関数 $\zeta_2(u)$ をうまく選ぶことで，高くすることができる．

5 多変量解析

多次元確率変数 $\bm{x} = (x_1, \ldots, x_p)^T$ の平均ベクトルと分散行列を $\bm{\mu} = (\mu_1, \ldots, \mu_p)^T$ と $\Sigma = (\sigma_{ij})_{i,j=1,\ldots,p}$ とする．本章では，外れ値が存在するときに，それらのパラメータを推定する問題を考える．得られる標本を $\bm{x}_1, \ldots, \bm{x}_n$ と表しておく．

5.1 成分ごとの推定

成分ごとに考えれば，$\mu_1, \ldots, \mu_p$ と $\sigma_{11}, \ldots, \sigma_{pp}$ をロバスト推定することは，すでに簡単である．一変量のロバスト推定を考えればよいからである．問題は共分散である．ここで，共分散は，次の性質をもっていることに注目してみよう：

$$\mathrm{Cov}[X, Y] = \frac{1}{4}\{\mathrm{Var}[X+Y] - \mathrm{Var}[X-Y]\}.$$

右辺のそれぞれの項は，$U = X + Y$ と $V = X - Y$ を新しい一変量と見なせば，分散をロバスト推定するだけなので，やはり簡単である．結果的に，$\mathrm{Cov}[X, Y]$ をロバスト推定することも，やはり簡単である．

この種のアドホックな推定は簡単で扱いやすい．しかし，推定された分散行列の正定値性が保証されない．以下では，正定値性が保証される方法を考える．

5.2 尤度に基づいた M 推定

平均だけは成分ごとにロバスト推定して，分散行列だけは後で別にロバスト推定するという方法もあるだろう．しかし，ここでは，基本的な考え方は

同じなので，平均ベクトルも分散行列も，同時に推定する考え方を，特に，尤度に基づいた考え方を紹介する．

正規分布や t 分布の密度関数などは，次の形式で書ける：

$$f(\boldsymbol{x}; \boldsymbol{\mu}, \Sigma) = |\Sigma|^{-1/2} h(d(\boldsymbol{x}; \boldsymbol{\mu}, \Sigma)). \tag{5.1}$$

ただし，

$$d(\boldsymbol{x}; \boldsymbol{\mu}, \Sigma) = (\boldsymbol{x} - \boldsymbol{\mu})^T \Sigma^{-1} (\boldsymbol{x} - \boldsymbol{\mu})$$

である．これを楕円型分布という．関数 $h(s)$ は，正規分布のときと自由度 ν の t 分布のとき，次である：

$$h_N(d) = a_N e^{-d/2}, \qquad h_\nu(d) = \frac{a_\nu}{(d+\nu)^{(p+\nu)/2}}.$$

ここで a_N と a_ν は適当な定数である．この分布の下での最尤推定を考えよう．対数尤度は次となる：

$$L(\boldsymbol{\mu}, \Sigma) = -\frac{n}{2} \log |\Sigma| - \frac{1}{2} \sum_{i=1}^{n} \rho(d(\boldsymbol{x}_i; \boldsymbol{\mu}, \Sigma)), \qquad \rho(d) = -2 \log h(d).$$

尤度関数をパラメータで微分して得られる尤度方程式から次が得られる：

$$\boldsymbol{0} = \frac{1}{n} \sum_{i=1}^{n} W(d(\boldsymbol{x}_i; \boldsymbol{\mu}, \Sigma))(\boldsymbol{x}_i - \boldsymbol{\mu}).$$

$$\Sigma = \frac{1}{n} \sum_{i=1}^{n} W(d(\boldsymbol{x}_i; \boldsymbol{\mu}, \Sigma))(\boldsymbol{x}_i - \boldsymbol{\mu})(\boldsymbol{x}_i - \boldsymbol{\mu})^T.$$

ただし $W(d) = \rho'(d)$ である（ベクトルや行列の微分に関しては他書を参照されたい）．正規分布のときは $W(d) = 1$ であり，自由度 ν の t 分布のときは $W(d) = (p+\nu)/(d+\nu)$ となる．

ここでは，違った重みを許して，M 推定を考える：

$$\boldsymbol{0} = \frac{1}{n} \sum_{i=1}^{n} W_1(d(\boldsymbol{x}_i; \boldsymbol{\mu}, \Sigma))(\boldsymbol{x}_i - \boldsymbol{\mu}). \tag{5.2}$$

$$\Sigma = \frac{1}{n} \sum_{i=1}^{n} W_2(d(\boldsymbol{x}_i; \boldsymbol{\mu}, \Sigma))(\boldsymbol{x}_i - \boldsymbol{\mu})(\boldsymbol{x}_i - \boldsymbol{\mu})^T. \tag{5.3}$$

この推定方程式の適当な解 $(\hat{\boldsymbol{\mu}}, \hat{\Sigma})$ を M 推定値とする．この推定値の，一致性を含めたいくつかの性質に関しては，5.6 節で述べる．

5.3 尺度に基づいたロバスト推定

距離ベクトル $\boldsymbol{d}(\boldsymbol{\mu},\Sigma)=(d(\boldsymbol{x}_1;\boldsymbol{\mu},\Sigma),\ldots,d(\boldsymbol{x}_n;\boldsymbol{\mu},\Sigma))^T$ に基づいて作られる尺度の推定量 $\sigma(\boldsymbol{d}(\boldsymbol{\mu},\Sigma))$ をロスとして考えよう．この尺度を，$|\Sigma|=1$ という条件の下で最小にする $\boldsymbol{\mu}$ と Σ を，推定値としよう：

$$(\hat{\boldsymbol{\mu}},\hat{\Sigma})=\arg\min_{\boldsymbol{\mu},\Sigma:|\Sigma|=1}\sigma(\boldsymbol{d}(\boldsymbol{\mu},\Sigma)).$$

最初に，線形回帰モデルのときと同様に，単純な中央値を考えよう：

$$\sigma(\boldsymbol{d}(\boldsymbol{\mu},\Sigma))=\operatorname{Med}(d(\boldsymbol{x}_1;\boldsymbol{\mu},\Sigma),\ldots,d(\boldsymbol{x}_n;\boldsymbol{\mu},\Sigma)).$$

これは**最小体積楕円体** (Minimum Volume Ellipsoid, MVE) **推定**と呼ばれている．また，線形回帰モデルのときと同様に，刈り込み平均を使うことが考えられる：

最小体積楕円体推定

$$\sigma(\boldsymbol{d}(\boldsymbol{\mu},\Sigma))=\sum_{i=1}^{h}d_{[i]}(\boldsymbol{\mu},\Sigma).$$

ここで $d_{[1]}(\boldsymbol{\mu},\Sigma),\ldots,d_{[n]}(\boldsymbol{\mu},\Sigma)$ は $d(\boldsymbol{x}_1;\boldsymbol{\mu},\Sigma),\ldots,d(\boldsymbol{x}_n;\boldsymbol{\mu},\Sigma)$ から得られる順序統計値である．これは，**最小共分散行列式** (Minimum Covariance Determinant, MCD) **推定**と呼ばれている．それぞれの名前の由来や性質などの詳細については，Maronna *et al.* (2006) を参照されたい．

最小共分散行列式推定

5.4 重み付きに基づくロバスト推定

変数が一変量のとき，重み付きに基づくロバスト推定値は，3.10.3 項で提案された．多変量のときも，同様に考えられる．ここでは，ロバスト推定値を求めるための数値アルゴリズムだけを記述しておく：

$$w(\boldsymbol{x}_i;\boldsymbol{\mu},\Sigma)=\phi(\boldsymbol{x}_i;\boldsymbol{\mu},\Sigma)^{\gamma}\Big/\sum_{k=1}^{n}\phi(\boldsymbol{x}_k;\boldsymbol{\mu},\Sigma)^{\gamma},$$

$$\boldsymbol{\mu}^{(a+1)}=\sum_{i=1}^{n}w\left(\boldsymbol{x}_i;\boldsymbol{\mu}^{(a)},\Sigma^{(a)}\right)\boldsymbol{x}_i,$$

$$\Sigma^{(a+1)}=(1+\gamma)\sum_{i=1}^{n}w\left(\boldsymbol{x}_i;\boldsymbol{\mu}^{(a)},\Sigma^{(a)}\right)\left(\boldsymbol{x}_i-\boldsymbol{\mu}^{(a+1)}\right)\left(\boldsymbol{x}_i-\boldsymbol{\mu}^{(a+1)}\right)^T.$$

5.5 例

第1章で扱われた例をより詳細に考えよう（図5.1）．データの標本平均と標本共分散は次である：

$$\bar{x} = \begin{pmatrix} -0.030 \\ -0.027 \end{pmatrix}, \qquad S = \begin{pmatrix} 1.023 & 0.536 \\ 0.536 & 1.043 \end{pmatrix}.$$

図5.1において，右下と左上の四つの外れ値を取り除いたときの標本平均と標本共分散行列は次になる：

$$\bar{x} = \begin{pmatrix} -0.033 \\ -0.029 \end{pmatrix}, \qquad S = \begin{pmatrix} 0.922 & 0.763 \\ 0.763 & 0.944 \end{pmatrix}.$$

重み付きに基づくロバスト推定で，チューニングパラメータを $\gamma = 0.5$ としたときの推定値は以下になった：

$$\bar{x} = \begin{pmatrix} -0.001 \\ -0.001 \end{pmatrix}, \qquad S = \begin{pmatrix} 0.962 & 0.687 \\ 0.687 & 0.971 \end{pmatrix}.$$

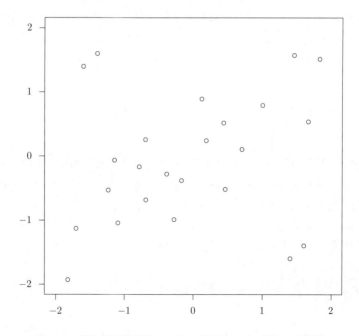

図 **5.1** 外れ値が混入している2次元データ（図1.2再掲）

外れ値を取り除いたときの標本平均と標本共分散に，より近くなっている．

5.6 尤度に基づいた M 推定の性質

5.6.1 アフィン不変性

推定方程式 (5.2) と (5.3) によって提案された M 推定値を，データ $X = (\boldsymbol{x}_1, \ldots, \boldsymbol{x}_n)$ よって決定されるという意味で，

$$\hat{\boldsymbol{\mu}}(X), \quad \hat{\Sigma}(X)$$

と表そう．アフィン変換 $A\boldsymbol{x} + \boldsymbol{b}$ によって得られるデータを $AX + B$ と表そう．ただし $B = (\boldsymbol{b}, \ldots, \boldsymbol{b})$ である．このとき，提案された M 推定値に対して，次のアフィン不変性を証明できる：

$$\hat{\boldsymbol{\mu}}(AX + B) = A\hat{\boldsymbol{\mu}}(X) + \boldsymbol{b}, \quad \hat{\Sigma}(AX + B) = A\hat{\Sigma}(X)A^T.$$

以下ではアフィン不変性を示す．距離関数に関しては次の性質がある：

$$\begin{aligned}
d(A\boldsymbol{x} + \boldsymbol{b}; \boldsymbol{\mu}, \Sigma) &= (A\boldsymbol{x} + \boldsymbol{b} - \boldsymbol{\mu})^T \Sigma^{-1}(A\boldsymbol{x} + \boldsymbol{b} - \boldsymbol{\mu}) \\
&= [A\{\boldsymbol{x} - A^{-1}(\boldsymbol{\mu} - \boldsymbol{b})\}]^T \Sigma^{-1} [A\{\boldsymbol{x} - A^{-1}(\boldsymbol{\mu} - \boldsymbol{b})\}] \\
&= \{\boldsymbol{x} - A^{-1}(\boldsymbol{\mu} - \boldsymbol{b})\}^T A^T \Sigma^{-1} A \{\boldsymbol{x} - A^{-1}(\boldsymbol{\mu} - \boldsymbol{b})\} \\
&= \{\boldsymbol{x} - A^{-1}(\boldsymbol{\mu} - \boldsymbol{b})\}^T \{A^{-1}\Sigma(A^T)^{-1}\}^{-1} \{\boldsymbol{x} - A^{-1}(\boldsymbol{\mu} - \boldsymbol{b})\} \\
&= d(\boldsymbol{x}; A^{-1}(\boldsymbol{\mu} - \boldsymbol{b}), A^{-1}\Sigma(A^T)^{-1}).
\end{aligned}$$

アフィン変換されたデータ $AX + B$ に基づいて得られる推定方程式 (5.2) と (5.3) は次のように表せる：

$$\boldsymbol{0} = \frac{1}{n}\sum_{i=1}^n W_1(d(A\boldsymbol{x}_i + \boldsymbol{b}; \boldsymbol{\mu}, \Sigma))(A\boldsymbol{x}_i + \boldsymbol{b} - \boldsymbol{\mu}).$$

$$\Sigma = \frac{1}{n}\sum_{i=1}^n W_2(d(A\boldsymbol{x}_i + \boldsymbol{b}; \boldsymbol{\mu}, \Sigma))(A\boldsymbol{x}_i + \boldsymbol{b} - \boldsymbol{\mu})(A\boldsymbol{x}_i + \boldsymbol{b} - \boldsymbol{\mu})^T.$$

適当な解を $\hat{\boldsymbol{\mu}}(AX + \boldsymbol{b})$ と $\hat{\Sigma}(AX + \boldsymbol{b})$ と表す．推定方程式は，さらに次のように変形できる：

$$\boldsymbol{0} = \frac{1}{n}\sum_{i=1}^n W_1(d(\boldsymbol{x}_i; A^{-1}(\boldsymbol{\mu} - \boldsymbol{b}), A^{-1}\Sigma(A^T)^{-1}))$$

$$\times \{\boldsymbol{x}_i - A^{-1}(\boldsymbol{\mu} - \boldsymbol{b})\}.$$
$$A^{-1}\Sigma(A^T)^{-1} = \frac{1}{n}\sum_{i=1}^{n} W_2(d(\boldsymbol{x}_i; A^{-1}(\boldsymbol{\mu} - \boldsymbol{b}), A^{-1}\Sigma(A^T)^{-1}))$$
$$\times \{\boldsymbol{x}_i - A^{-1}(\boldsymbol{\mu} - \boldsymbol{b})\}\{\boldsymbol{x}_i - A^{-1}(\boldsymbol{\mu} - \boldsymbol{b})\}^T.$$

この推定方程式の解を $\hat{\boldsymbol{\mu}}(AX + \boldsymbol{b})$ と $\hat{\Sigma}(AX + \boldsymbol{b})$ で表すことにした．一方，$A^{-1}\{\hat{\boldsymbol{\mu}}(AX + \boldsymbol{b}) - \boldsymbol{b}\}$ と $A^{-1}\hat{\Sigma}(AX + \boldsymbol{b})(A^T)^{-1}$ を一つの塊と見ると，元の推定方程式 (5.2) と (5.3) の解でもあると分かる．つまり，それらは，$\hat{\boldsymbol{\mu}}(X)$ と $\hat{\Sigma}(X)$ となる．結果的に次が成り立つ：

$$\hat{\boldsymbol{\mu}}(X) = A^{-1}\{\hat{\boldsymbol{\mu}}(AX + B) - \boldsymbol{b}\}.$$
$$\hat{\Sigma}(X) = A^{-1}\hat{\Sigma}(AX + B)(A^T)^{-1}.$$

これは，先ほどのアフィン不変性と同値な式である．

5.6.2 一致性

推定方程式 (5.2) と (5.3) から得られる M 推定量の極限を考えよう．推定量は収束すると仮定する：

$$\hat{\boldsymbol{\mu}} \xrightarrow{P} \boldsymbol{\mu}^\dagger, \qquad \hat{\Sigma} \xrightarrow{P} \Sigma^\dagger.$$

データが楕円型分布 (5.1) に従うとしよう．パラメータの真値を $\boldsymbol{\mu}^*$ と Σ^* で表す．このとき次が成り立つことを証明できる：

$$\boldsymbol{\mu}^\dagger = \boldsymbol{\mu}^*, \qquad \Sigma^\dagger = c\Sigma^*.$$

ここで c は適当な定数である．つまり，平均ベクトルに関しては一致性があり，分散行列に関しては基本的な形は大丈夫だが，定数倍のずれがある．これは 1 次元のときも同様であった．

以下では上記の真値（もどき）への一致性を証明する．M 推定量の極限が，確率変数 $\boldsymbol{x}$ の分布に基づいていることを明記したほうがよいときは，$\boldsymbol{\mu}^\dagger(\boldsymbol{x})$ と $\Sigma^\dagger(\boldsymbol{x})$ で表すことにする．なお，アフィン不変性はもちろん極限でも成り立つことを，先に指摘しておく．

まずは簡単のために，正規化された楕円型分布，つまり，$\boldsymbol{\mu}^* = \boldsymbol{0}$ で $\Sigma^* = I$ の場合を考えよう．楕円型分布なので，任意の直交行列 Q に対して，$Q\boldsymbol{x}$ と $\boldsymbol{x}$ の分布は同じである．結果的に極限も同じであることを指摘しておく：

$\boldsymbol{\mu}^\dagger(Q\boldsymbol{x}) = \boldsymbol{\mu}^\dagger(\boldsymbol{x})$. 特に $Q = -I$ の場合を考えよう．すると次の式変形が得られる：

$$\boldsymbol{\mu}^\dagger(\boldsymbol{x}) = \boldsymbol{\mu}^\dagger(-\boldsymbol{x}) = -\boldsymbol{\mu}^\dagger(\boldsymbol{x}).$$

最初の等式は先ほど述べた直交変換で極限が変わらないことに対応し，最後の等式はアフィン不変性の結果である．結果的に，

$$\boldsymbol{\mu}^\dagger(\boldsymbol{x}) = \boldsymbol{0}\ (= \boldsymbol{\mu}^*)$$

となり，一致性が得られている．分散行列に関しても同様に考えよう．

$$\Sigma^\dagger(\boldsymbol{x}) = \Sigma^\dagger(Q\boldsymbol{x}) = Q\Sigma^\dagger(\boldsymbol{x})Q^T.$$

最初の等式は直交変換で極限が変わらないことに対応し，最後の等式はアフィン不変性の結果である．まずは，直交行列 Q として，$Q\Sigma^\dagger Q^T = \mathrm{diag}(\lambda_1,\ldots,\lambda_p)$ となる行列を考えよう．すると $\Sigma^\dagger = \mathrm{diag}(\lambda_1,\ldots,\lambda_p)$ となる．次に，Q として，$q_{12} = q_{21} = q_{33} = \cdots = q_{pp} = 1$ で他の成分は 0 という行列を考えよう．これは，第一成分と第二成分を入れ換えることに対応するため，$Q\boldsymbol{x} = (x_2, x_1, x_3, \ldots, x_p)^T$ となる．結果的に $\lambda_1 = \lambda_2$ となる．同様にして $\lambda_1 = \cdots = \lambda_p = c$ が得られる．以上から，形としての一致性が得られている：

$$\Sigma^\dagger = cI.$$

一般の場合は，次の変換を考える：

$$\boldsymbol{x} = \boldsymbol{\mu}^* + (\Sigma^*)^{1/2}\boldsymbol{z}.$$

ただし $\boldsymbol{z}$ は正規化された楕円型分布に従うとする．結果的に，$\boldsymbol{x}$ は，一般の楕円型分布に従う．すると，アフィン不変性から，次の一致性がすぐに得られる：

$$\boldsymbol{\mu}^\dagger(\boldsymbol{x}) = \boldsymbol{\mu}^* + (\Sigma^*)^{1/2}\boldsymbol{\mu}^\dagger(\boldsymbol{z}) = \boldsymbol{\mu}^*.$$
$$\Sigma^\dagger(\boldsymbol{x}) = (\Sigma^*)^{1/2}\Sigma^\dagger(\boldsymbol{z})(\Sigma^*)^{1/2} = c\Sigma^*.$$

これで証明は終わる．

形としての一致性ではなく，真の一致性 ($c = 1$) が必要なときは，たとえば，1 次元のときと同様な考えを行うことができる．推定方程式 (5.3) の極限を考えると次が得られる：

$$\Sigma^\dagger = E[W_2(d(\boldsymbol{x};\boldsymbol{\mu}^\dagger,\Sigma^\dagger))(\boldsymbol{x}-\boldsymbol{\mu}^\dagger)(\boldsymbol{x}-\boldsymbol{\mu}^\dagger)^T].$$

先ほどのように，正規化された楕円型分布をもつ変数 z に対して，アフィン変換 $\boldsymbol{x} = \boldsymbol{\mu}^* + (\Sigma^*)^{1/2}\boldsymbol{z}$ を考える．そうすると次のように変形できる：

$$\begin{aligned}
c\Sigma^* &= E\left[W_2(d(\boldsymbol{x};\boldsymbol{\mu}^*,c\Sigma^*))(\boldsymbol{x}-\boldsymbol{\mu}^*)(\boldsymbol{x}-\boldsymbol{\mu}^*)^T\right] \\
&= E\left[W_2(\|\boldsymbol{z}\|^2/c)(\Sigma^*)^{1/2}\boldsymbol{z}\boldsymbol{z}^T(\Sigma^*)^{1/2}\right]. \\
cI_p &= E\left[W_2(\|\boldsymbol{z}\|^2/c)\boldsymbol{z}\boldsymbol{z}^T\right].
\end{aligned}$$

両辺の trace を取ると，次が得られる：

$$pc = E[W_2(\|\boldsymbol{z}\|^2/c)\|\boldsymbol{z}\|^2].$$

これを満たす c を使えばよい．

6 ランク検定

これまで，外れ値の悪影響に強い手法が，すでに色々と議論されてきた．本章では，それらとは違う，ランクに基づいた方法を紹介する．

6.1 ランク統計量

順序統計量 $X_{[1]} < \cdots < X_{[n]}$ に対応するランクを，小さい順に $1, \ldots, n$ として，それぞれのデータに対応させる．データ X_i に対応するランクを R_i で表すことにする．それは**ランク統計量** (rank statistic)[11] と呼ばれている．

ランク統計量

[11] 順位統計量ともいう．

具体的にランクを考えてみよう．いま，データ値が，次であったとする：

$$(X_1, X_2, X_3, X_4, X_5) = (2.6, 3.5, 0.2, 1.4, 4.2).$$

これを小さい順に並べ換えると次になる：

$$(X_{[1]}, X_{[2]}, X_{[3]}, X_{[4]}, X_{[5]}) = (0.2, 1.4, 2.6, 3.5, 4.2).$$

このとき，データ $X_1, \ldots, X_5$ 対応するランクは，次になる：

$$\boldsymbol{R} = (R_1, R_2, R_3, R_4, R_5) = (3, 4, 1, 2, 5).$$

データの数値をランクという情報にすると確実に情報は減っている．それでもランクを使う理由は何であろうか．たとえば，先ほどのデータの最大値 4.2 を 10 という大きな値に変えても，ランクとしての値は変わらない．そのため，ランクに基づいて手法を作れば，外れ値に強い手法になると期待できる．ただし，パラメータの推定に関しては，ランクは使いにくい．その代わりに，分布の形が同じかどうかなどの検定は，ランクに基づいても十分に評価できそうな気がする．本章では，そのようなランクに基づいた検定を，説明することにする．

最後に，ランク統計量の分布を考えて，本節を終えることにしよう．データが同一の分布から得られたとしよう．同じ値を取ることがないとしよう（本章では基本的にそういう場合を考える．同じ値を取る場合は別に考える）．そのとき，ランク統計量 $\boldsymbol{R}$ が取りうる値の個数は，$n!$ である．また，対称性から，それぞれの値を取る可能性は同じである．結果として，それぞれの値を取る確率は $1/n!$ となり，一様分布となる：

$$\Pr(\boldsymbol{R} = \boldsymbol{r}) = \frac{1}{n!}.$$

ここで $\boldsymbol{r}$ は任意の実現値である．

6.2　平均の同等性検定

6.2.1　ウィルコクソンの順位和検定

いま，新薬の有効性を確認したいとしよう．そこで次のような帰無仮説と対立仮説を設定しよう：

H：新薬と既存薬は効果が同等である．

K：新薬は既存薬よりも効果が大きい．

新薬と既存薬のデータが次であったとしよう：

$$X_1, \ldots, X_n, \qquad Y_1, \ldots, Y_m.$$

後の議論のために標本数の合計を $N = n + m$ で表すことにする．データ値は大きいほうが効果があると考えられるとしよう．このデータ値を一緒にして，小さい順に並べ換えて，ランクを対応させることにしよう．新薬側のランクを $R_1, \ldots, R_n$ で表すことにする．この合計を次で表すことにする：

$$W_X = R_1 + \cdots + R_n.$$

ウィルコクソンの順位和統計量

この統計量 W_X を**ウィルコクソンの順位和統計量** (Wilcoxon's rank-sum statistic) という．この合計が十分に大きければ，新薬は既存薬よりも効果が大きいと考えられる．そのため，次のような行動を取ることにしよう：

$$W_X \geq c \quad \Longrightarrow \quad \text{新薬の効果が大きい．}$$

統計量 W_X に基づいた検定を**ウィルコクソンの順位和検定**という．

具体的な例とともにウィルコクソンの順位和統計量を考えることにしよう．新薬と既存薬のデータ値が以下であったとする：

$$X = (\,2.6,\ 3.5\,), \qquad Y = (\,0.2,\ 1.4,\ 4.2\,).$$

新薬のランク統計値は次になる：

$$R = (\,3,\ 4\,).$$

結果的にウィルコクソンの順位和統計値は次になる：

$$W_X = 3 + 4 = 7.$$

6.2.2 しきい値の決め方と P 値

さて，しきい値 c を，どのように決めればよいだろうか．これは，通常，有意水準が α 以下になるように決めればよいであろう：

$$\Pr(W_X \geq c \,|\, H) \leq \alpha.$$

6.1 節から，帰無仮説が正しいときには，ランク統計量の分布は一様分布である．そこで，その分布の下で，$W_X \geq c$ の確率が α 以下になるような c を決めれば良いわけである．

また，通常の検定と同様に，P 値を計算することで，検定を実行することができる．実際のデータから計算される検定統計量 W_X の実現値を w で表すことにしよう．このとき，しきい値 c を実現値 w で置き換えることで，P 値を次の式で定義する：

$$\Pr(W_X \geq w \,|\, H).$$

この値が α よりも小さければ，帰無仮説を棄却するのである．

6.2.1 項のデータで P 値を計算してみよう．検定統計量 W_X の値が実現値 $w = 7$ 以上になる場合 ($W_X \geq 7$) は，入れ換えを除けば以下の 4 通りである：

$$R = (2,5), (3,4), (3,5), (4,5).$$

それぞれが取りうる確率は一様性から次になる：

$$1 \bigg/ \binom{5}{2} = 1/10$$

ウィルコクソンの順位和検定

結果的に P 値は次となる：

$$\Pr(W_X \geq w \mid H) = \frac{4}{10} = 0.4.$$

そのため，帰無仮説は，有意水準 $\alpha = 0.05$ で棄却されない（まあ，データから見て，当然の結果である）．

6.2.3 マン–ホイットニー統計量

標本数が $(n, m) = (4, 2)$ のときと $(n, m) = (2, 4)$ のときは，問題に対称性があるように見えるけれども，ウィルコクソンの順位和統計量 W_X そのものには対称性はない．しかしながら，取りうる値の最小値 $1 + \cdots + n = n(n+1)/2$ を引くことによって，実は，対称性が得られる．調整された統計量を次で表現することにする．

$$W_{XY} = W_X - \frac{1}{2} n(n+1).$$

マン–ホイットニー統計量　この統計量は**マン–ホイットニー統計量** (Mann–Whitney statistic) と呼ばれる．

統計量 W_{XY} は次のきれいな対称性をもっている：

$$W_{XY} = \#\{(i, j) : X_i > Y_j\},$$
$$W_{YX} = \#\{(i, j) : X_i < Y_j\}.$$

ここで $\#\mathcal{A}$ は集合 $\mathcal{A}$ の成分の個数である．この証明は後で与える．

さて，まずは，この対称性を，6.2.1 項のデータで考え直してみよう．すぐに $W_{XY} = 4$ と分かるであろう．結果的に，ウィルコクソンの順位和統計量は，$W_X = W_{XY} + n(n+1)/2 = 4 + 2 \cdot 3/2 = 7$ となり，元の値と同じになる．また，$W_{YX} = 2$ はもっとすぐに分かり，$W_Y = W_{YX} + m(m+1)/2 = 2 + 3 \cdot 4/2 = 8$ となる．W_Y の定義からも $W_Y = 1 + 2 + 5 = 8$ となる．

ここで証明を与えておこう．$X_{[1]}$ のランクは R_1 である．これよりも小さい値は $R_1 - 1$ 個ある．これらはすべて Y の値に対応する．$X_{[2]}$ のランクは R_2 である．これよりも小さい値は，一つは $X_{[1]}$ であり，残りの $R_2 - 2$ 個は Y の値に対応する．同様にして，$X_{[i]}$ よりも小さい値で Y に対応するものは $R_i - i$ 個になる．以上から，$X_i > Y_j$ となる (i, j) の個数は以下になる：

$$(R_1 - 1) + \cdots + (R_n - n) = (R_1 + \cdots + R_n) - (1 + \cdots + n)$$
$$= W_X - \frac{1}{2} n(n+1) = W_{XY}.$$

6.2.4 ウィルコクソンの順位和統計量の中心化

後のために,中心化したウィルコクソンの順位和統計量 W_X を考えておこう.まずは証明なしに事実だけを述べる.帰無仮説を仮定する.統計量 W_X の平均は次になる:

$$E[W_X] = \frac{1}{2}n(N+1).$$

結果として,中心化した統計量は,次で表現できる:

$$W_X^c = W_X - \frac{1}{2}n(N+1).$$

この統計量の分布は帰無仮説の下で左右対称にもなる.

まずは平均を確認しよう.いま,データ $Y_1, \ldots, Y_m$ のランクを,$S_1, \ldots, S_m$ とおくことにする.もちろん次が成り立つ:

$$R_1 + \cdots + R_n + S_1 + \cdots + S_m = 1 + \cdots + N = \frac{1}{2}N(N+1).$$

ランク統計量の対称性から次も成り立つ:

$$E[R_1] = \cdots = E[R_n] = E[S_1] = \cdots = E[S_m].$$

結果として次が成り立つ:

$$E[R_1] = \cdots = E[R_n] = E[S_1] = \cdots = E[S_m] = \frac{1}{2}(N+1).$$

ゆえに,ウィルコクソンの順位和統計量 W_X の平均は,$E[W_X] = nE[R_1] = n(N+1)/2$ になる.

次に統計量 $W_X^c = W_X - \frac{1}{2}n(N+1)$ の分布の左右対称性を確認しよう.ランクを,小さい順ではなくて,大きい順にした場合の逆順のランク統計量を $\boldsymbol{R}' = (R_1', \ldots, R_n')$ で表すことにしよう.通常の順序と逆順の関係から $R_i' = N+1-R_i$ なので,$W_X' = \sum_{i=1}^n R_i' = n(N+1) - W_X$ となり,次の関係式が得られる:

$$W_X' - \frac{1}{2}n(N+1) = \frac{1}{2}n(N+1) - W_X.$$

オリジナルのランク統計量 $\boldsymbol{R}$ の分布が一様分布であったことから,逆順のランク統計量 $\boldsymbol{R}'$ の分布も一様分布であることは当然である.この性質から,W_X^c の分布の左右対称性が,次のように証明される:

$$\begin{aligned}
\Pr(W_X^c = k) &= \Pr\left(W_X - \frac{1}{2}n(N+1) = k\right) \\
&= \Pr\left(W_X' - \frac{1}{2}n(N+1) = -k\right) \\
&= \Pr\left(W_X - \frac{1}{2}n(N+1) = -k\right) \\
&= \Pr(W_X^c = -k).
\end{aligned}$$

6.2.5　標本数が大きいとき

標本数が大きいときに，これまでのような数え上げでP値の計算を行うことは，たいへんである．そのようなときは正規近似が使われる．平均と分散は次になる：

$$E[W_X] = \frac{1}{2}n(N+1), \qquad \mathrm{Var}[W_X] = \frac{1}{12}nm(N+1).$$

(平均の計算は前節で行った．分散の計算も同様にできるので省略する)．このとき，帰無仮説の下で，次の正規近似が成り立つ：

$$\Pr\left(\frac{W_X - n(N+1)/2}{\sqrt{nm(N+1)/12}} \le a\right) \approx \Phi(a).$$

ここで $\Phi(a)$ は正規分布の分布関数である．結果的にウィルコクソンの順位和統計量 W_X の分布は次のように近似できる：

$$\Pr(W_X \le c) \approx \Phi\left(\frac{c - n(N+1)/2}{\sqrt{nm(N+1)/12}}\right).$$

これを利用してP値などを近似計算することができる．

また，正規近似の精度を改良する方法について，少し追加説明をしたい．現在は，離散データ値の分布を連続分布である正規分布によって近似していることに，注意してほしい．そのギャップを，次のように，1/2を入れ込んで小修整するのである．これを**連続補正** (continuity correction) という：

連続補正

$$\Pr(W_X \le c) \approx \Phi\left(\frac{c - n(N+1)/2 + 1/2}{\sqrt{nm(N+1)/12}}\right).$$

6.2.6　両側検定

これまでは対立仮説が片側の場合を扱ってきた．両側の場合はどうすれば

よいであろうか.

対立仮説は次のように表現できる:

$$K: 新薬と既存薬は効果が違う.$$

これを次の二つのタイプに分けてみよう:

$$K_1: 新薬は既存薬よりも効果が大きい.$$
$$K_2: 新薬は既存薬よりも効果が小さい.$$

結果として次の棄却域が考えられる:

$$W_X \geq c_1 \quad または \quad W_X \leq c_2.$$

そのため,有意水準が α となる検定を行うためには,次を満たす (c_1, c_2) を得ればよい:

$$\Pr(\,W_X \geq c_1 \text{ または } W_X \leq c_2 \mid H\,) \leq \alpha.$$

ここで,中心化された統計量 $W_X^{\mathrm{c}} = W_X - n(N+1)/2$ は,帰無仮説の下では左右対称の分布を持っていたことを思い出してみる(6.2.4 項).よって,次のような棄却域を考えてもよいであろう:

$$|W_X^{\mathrm{c}}| = \left|W_X - \frac{1}{2}n(N+1)\right| \geq c.$$

しきい値 c は次を満たすように決めればよい:

$$\Pr(\,|W_X^{\mathrm{c}}| \geq c \mid H\,) \leq \alpha.$$

また,統計量 W_X^{c} の実現値を w としたとき,P 値は次で定義できる:

$$\Pr(\,|W_X^{\mathrm{c}}| \geq |w| \mid H\,).$$

このように,中心化した統計量を使うと,より簡単に検定を行うこともできる.

6.2.7 同じ値の扱い

データに同じ値が出た場合は,どうすればよいであろうか.連続データの場合はほとんど起きないだろうが,離散データの場合には十分に起きえる状況である.本節ではその問題を取り扱う.

次のデータを例として話を進めよう．二つのグループでデータが二つずつという簡単な場合である：

$$X = (\,1,\ 3\,), \qquad Y = (\,3,\ 6\,).$$

この場合は，3 が二回出ている．ランクとしては，2 または 3 である．こういうときには，その平均を割り当てることにしよう．つまりランクは次のようになる：

$$R^* = (\,1,\ 2.5\,), \qquad S^* = (\,2.5,\ 4\,).$$

この場合，帰無仮説の下でのランク統計量の分布は，もはや一様分布ではない．しかしながら，同様の考え方を行うことはできる．その場合は，帰無仮説の下でのランク統計量の分布は，次のようになる：

$$\Pr(R_1^* = 1, R_2^* = 2.5) = 2 \bigg/ \binom{4}{2} = \frac{1}{6}.$$

$$\Pr(R_1^* = 1, R_2^* = 4) = 1 \bigg/ \binom{4}{2} = \frac{1}{12}.$$

$$\Pr(R_1^* = 2.5, R_2^* = 2.5) = 2 \bigg/ \binom{4}{2} = \frac{1}{6}.$$

$$\Pr(R_1^* = 2.5, R_2^* = 4) = 2 \bigg/ \binom{4}{2} = \frac{1}{6}.$$

（入れ換えに関しては省略した）．これを利用して，P 値などの計算をできるようになる．この考え方は，同じ値が出た一般のデータに対しても適用できる．

データ数が大きいときには漸近分布を使うことになる．同じ値が少ないときは，それが全体の分布にもたらす影響は小さいと想定されるので，6.2.5 項の漸近分布を使っても問題ないであろう．同じ値が多いときは修正が必要になるだろう．詳しくは Lehmann (2006) を参照されたい．

6.2.8　検出力

ウィルコクソンの順位和検定はランクしか利用していない．外れ値に強くなってはいるが，ランクしか利用していないために，情報をかなり失っている．そのため，その検出力は，通常の検定に比べると，かなり低いようなイメージをもつだろう．しかしながら，実は，かなり高い検出力をもつ．その

ため，外れ値の混入の可能性も考えると，平均の同等性検定に関しては，ウィルコクソンの順位和検定は，非常に有効な方法なのである．

検出力について以下で具体的に見ていきたい．なお，対立仮説は片側として，有意水準は5%で，対応する閾値はシミュレーションで決めた（ウィルコクソンの順位和検定は離散データに基づく検定なので閾値の決め方は厳密に行っていないが，だいたいの傾向は見て取れると思う．検出力に関する詳細は Lehmann (2006) も参照されたい）．

データが正規分布 $N(\mu, 1)$ に従うとしよう．そのとき，一様最強力検定は，t 統計量に基づく方法であることが証明されている．問題は，検出力の差が，どのくらいかである．実際にシミュレーションによって観測された検出力を表 6.1 で表している．ウィルコクソンの順位和検定は検出力が思ったほど低くないことが見て取れるであろう．

表 **6.1** 検出力の比較．データが正規分布に従う場合

平均差	0.5	1.0	1.5
t-統計量	0.284	0.692	0.942
ウィルコクソン	0.256	0.653	0.922

次にデータがラプラス分布に従っていた場合を考えよう．正規分布より裾が重い場合である．この場合のシミュレーション結果を表 6.2 で表している．ウィルコクソンの順位和検定が通常の t 検定よりも検出力が高いことが見て取れる．

表 **6.2** 検出力の比較．データがラプラス分布に従う場合

平均差	0.5	1.0	1.5
t-統計量	0.206	0.488	0.755
ウィルコクソン	0.216	0.519	0.785

6.3 分散の同等性検定

前節では平均の同等性検定を扱った．本節では分散の同等性検定を扱うことにする．

あるものを計測する機械があるとする．平均的にはどのタイプの機械も同じような値を出してくれる．しかし，測定精度が異なるのである．新しい機械が古い機械に比べて測定精度が上がっているかどうかを検証したい．つまり，分散が小さくなっているかどうかを検証したいとしよう．このとき，帰無仮説と対立仮説を，次のように設定する：

H : 新しい機械の測定精度は古い機械の測定精度と同等である．
K : 新しい機械の測定精度は古い機械の測定精度よりも良い．

さて，ランクを使って，どのように検証することができるであろうか．
新しい機械と古い機械のデータ値が次であったとしよう：

$$X_1, \ldots, X_n. \quad Y_1, \ldots, Y_m.$$

平均の検定のときには，このデータを混ぜた後に，データ値が小さい順にランクを付けた．今度は次のようにランクを付けることにする．一番小さい値のランクを1，一番大きい値のランクを2，二番目に大きい値のランクを3，二番目に小さい値のランクを4，などとする．そして，新しい機械に対応するランクの和として，ウィルコクソンのランク統計量 W_X を計算する．統計量 W_X が大きいということは，新しい機械のデータ値が中心に多いということを意味する．ゆえに，この値が十分に大きければ，帰無仮説を棄却して対立仮説を採択することにする．このような考え方に基づく検定方法を**シーゲル–テューキー検定** (Siegel–Tukey test) という．

具体的なデータで考えてみよう．次のようなデータがあったとする：

$$\boldsymbol{X} = (\,5.8,\ 4.1,\ 6.3\,), \quad \boldsymbol{Y} = (\,2.4,\ 3.2,\ 7.6\,).$$

これを小さい順に並べ換えると次になる：

$$2.4,\ 3.2,\ 4.1,\ 5.8,\ 6.3,\ 7.6.$$

対応するランクを次で設定する：

$$1,\ 4,\ 5,\ 6,\ 3,\ 2.$$

結果的に元のデータに対応するランクは次になる：

$$\boldsymbol{R} = (\,6,\ 5,\ 3\,), \quad \boldsymbol{S} = (\,1,\ 4,\ 2\,).$$

前者のグループと後者のグループのランクの和はそれぞれ 14 と 7 となり前者

のほうが大きい．実際に前者のほうが中心に近いデータが多い．

ランクの付け方は変わったけれども，帰無仮説の下でのランク統計量の分布は同じである．そのため，P 値の計算などは，これまでと同様の考え方で実行できる．

ところで，上述のランクの付け方は，対称性がないことに気づくであろう．一番小さい値から始めずに，一番大きい値から始めると，結果が異なる．そこで，次に，対称性が得られる方法を考えることにしよう．そのためには次のようにすればよい．一番大きい値のランクを 1，一番小さい値のランクを 2，二番目に小さい値のランクを 3，二番目に大きい値のランクを 4，などとする．そして，それぞれのデータに割り当てられた二つのランクを平均化して，それぞれのデータにその平均値を対応させるのである．その和を統計量として検定を行えばよい．そのような検定は**アンサリ–ブラッドレイ検定** (Ansari–Bradley test) と呼ばれている．ただし，もちろん，和の統計量の分布は変わってくるので，実際に P 値の計算などには注意が必要になる．

> アンサリ–ブラッドレイ検定

6.4 分布の同等性検定

これまでは，平均や分散の同等性という，ターゲットを決めた場合のランク検定について考えた．本節では，ターゲットを決めずに，単に，二つのグループが同じ分布に従うかどうかという検定を行うことにしよう：

H : 二つのグループの分布は同じである，

K : 二つのグループの分布は異なっている．

二つのグループの経験分布関数を，それぞれ，次のように用意する：

$$F_X(x) = \frac{1}{n}\sum_{i=1}^{n} I(X_i \leq x). \qquad F_Y(x) = \frac{1}{m}\sum_{i=1}^{m} I(Y_i \leq x).$$

この二つの分布の距離を次で測ることにしよう：

$$D_{n,m} = \sup_x |F_X(x) - F_Y(x)|$$

この値が大きいときは二つの分布が異なっていると考えられる．そのため次

のような行動を取ることが考えられるであろう：

$$D_{n,m} \geq c \quad \Rightarrow \quad \text{帰無仮説を棄却する}.$$

コルモゴロフ–スミルノフ検定　この統計量に基づいた検定は**コルモゴロフ–スミルノフ検定** (Kolmogorov–Smirnov test) と呼ばれている．あとは，帰無仮説の下での統計量 $D_{n,m}$ の分布が分かっていれば，適当な有意水準の下でしきい値 c を決めたり，P 値を計算することができる．

　実は，統計量 $D_{n,m}$ は，ランクだけで決定することができる．簡単な例で考えてみよう．いま $n = 2$ で $m = 1$ とする．その場合の例を図 6.1 で示している．図 6.1(a) においては，$\boldsymbol{R} = (1, 3)$ であり，$D_{n,m} = 1/2$ である．図 6.1(b) においては，$\boldsymbol{R} = (1, 2)$ であり，$D_{n,m} = 1$ である．統計量 $D_{n,m}$ の値は，経験分布関数の差の最大値なので，データの具体的な値には関係なく，データの並び順にだけ（つまりランクにだけ）関係あることが，見て取れるであろう．これは一般の (n, m) に関してもいうことができる．その結果として，帰無仮説の下での統計量 $D_{n,m}$ の分布は，これまでと同じように，ランク統計量の一様分布から決めることができるのである．

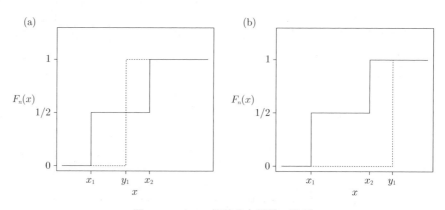

図 **6.1**　二つの経験分布関数の関係

6.5　R でのプログラム例

　本章の方法を具体的に試してみよう．データは次の分布から発生させるこ

とにする：
$$X \sim N(0,1), \qquad Y \sim N(\mu, \sigma^2).$$
標本数は 20 個ずつとした．

6.5.1　平均の同等性検定

まずは平均の同等性検定を考えたいので，次のように行ってみる：

```
> n = 20
> x = rnorm(n)
> mu = 2; s = 1
> y = rnorm(n,mu,s)
```

標準正規分布 $N(0,1)$ から発生した n 個の乱数が x の中に入っていて，正規分布 $N(2,1)$ から発生した n 個の乱数が y の中に入っている．二つの集団の平均差は 2 である．ウィルコクソンの順位和検定は次で行える：

```
> wilcox.test(x,y)
```

その結果として次が得られた（デフォルトは両側検定である）．：

```
p-value = 5.024e-07
```
（e-07 は 10^{-7} を表す）．

標本数が 20 程度で平均差は 2 しかないが意外と P 値が小さい．何度か乱数を発生させてみたが，このような傾向は強かった．

同じデータに対してコルモゴロフ-スミルノフ検定も行ってみた：

```
> ks.test(x,y)
```

その結果として，次が得られた：

```
p-value = 9.547e-06
```

先ほどの P 値よりは大きい．これは，ウィルコクソンの順位和検定が平均差にターゲットを絞っていて，コルモゴロフ-スミルノフ検定が平均差に特化していないオムニバスな方法であるからと考えてもよいであろう．

何も指定しないと対立仮説は両側である．最初のグループよりも次のグループのほうが効果は大きい，というような片側の対立仮説を考えたい場合には，次のように実行する：

```
> wilcox.test(x,y,alternative="less"))
p-value = 2.512e-07
```

6.5.2 分散の同等性検定

次は分散の同等性検定を考えたいので次のように行ってみる：

```
> n = 20
> x = rnorm(n)
> mu = 0; s = 2
> y = rnorm(n,mu,s)
```

標準正規分布 $N(0, 1^2)$ から発生した n 個の乱数が x の中に入っていて，正規分布 $N(0, 2^2)$ から発生した n 個の乱数が y の中に入っている．標準偏差は 2 倍になっている．ここでは R に関数が存在するアンサリ–ブラッドレイ検定を行うことにする：

```
> ansari.test(x,y)
```

その結果として次が得られた：

```
p-value = 0.01477
```

意外と P 値は小さくない．何度か乱数を発生させてみたが，P 値が 0.05 より大きいこともしばしば起こった．標準偏差 2 倍を検知するには標本数 20 では簡単ではないようである．

同じデータに対してコルモゴロフ-スミルノフ検定も行ってみた：

```
> ks.test(x,y)
```

その結果として次が得られた：

```
p-value = 0.08106
```

P 値はさらに大きくなっている．これは，平均の同等性検定と同じで，アンサリ–ブラッドレイ検定が分散差にターゲットを絞っていて，コルモゴロフ–スミルノフ検定が分散差に特化しないオムニバスな方法であるからと考えてもよいであろう．

7 パラメータ推定アルゴリズム

本章では，パラメータ推定アルゴリズムに関して，より詳しい議論をする．

7.1 ロス関数に基づく数値アルゴリズム

本節では，後の議論のために，すでに提案された数値アルゴリズムを，少し変えて整理する．

7.1.1 平均パラメータ推定の場合

平均パラメータの推定値 $\hat{\mu}$ は，適当なロス関数 $\rho(z)$ に対して，以下のように定義された：

$$\hat{\mu} = \arg\min_{\mu} \sum_{i=1}^{n} \rho(x_i - \mu) = \arg\min_{\mu} L(\mu).$$

ロス関数 $\rho(z)$ は $\rho(z) = \rho(|z|)$ という性質をもっていた．そこで $g(u) = \rho(\sqrt{u})\,(u \geq 0)$ という関数を用意する．このとき $\rho(z) = g(z^2)$ となる．全体のロス関数 $L(\mu)$ は次で表現される：

$$L(\mu) = \sum_{i=1}^{n} g((x_i - \mu)^2).$$

推定方程式としては次が得られる：

$$0 = 2\sum_{i=1}^{n} g'((x_i - \mu)^2)(x_i - \mu).$$

これを変形すると次が得られる：

$$\mu = \left\{\sum_{i=1}^{n} g'((x_i - \mu)^2)\right\}^{-1} \sum_{i=1}^{n} g'((x_i - \mu)^2) x_i.$$

これから，以下の数値アルゴリズムが提案される：

$$\mu^{(a+1)} = \left\{\sum_{i=1}^n g'((x_i - \mu^{(a)})^2)\right\}^{-1} \sum_{i=1}^n g'((x_i - \mu^{(a)})^2) x_i.$$

少し表現は違うが，もちろん，これは，すでに提案された数値アルゴリズムと同じである．

なお，尺度パラメータに推定値をプラグインした場合は記載していないが，同様に考えられる．

7.1.2 回帰パラメータ推定の場合

回帰パラメータの推定値 $\hat{\boldsymbol{\beta}}$ は，適当なロス関数 $\rho(z)$ に対して，以下のように定義された：

$$\hat{\boldsymbol{\beta}} = \arg\min_{\boldsymbol{\beta}} \sum_{i=1}^n \rho(r_i(\boldsymbol{\beta})) = \arg\min_{\boldsymbol{\beta}} \sum_{i=1}^n g(r_i(\boldsymbol{\beta})^2) = \arg\min_{\boldsymbol{\mu}} L(\boldsymbol{\beta}).$$

ここで $r_i(\boldsymbol{\beta}) = y_i - \boldsymbol{x}_i^T \boldsymbol{\beta}$ である．推定方程式としては，次が得られる：

$$0 = 2\sum_{i=1}^n g'(r_i(\boldsymbol{\beta})^2) \boldsymbol{x}_i (y_i - \boldsymbol{x}_i^T \boldsymbol{\beta}).$$

これを変形すると，次が得られる：

$$\boldsymbol{\beta} = \left\{\sum_{i=1}^n g'(r_i(\boldsymbol{\beta})^2) \boldsymbol{x}_i \boldsymbol{x}_i^T\right\}^{-1} \sum_{i=1}^n g'(r_i(\boldsymbol{\beta})^2) \boldsymbol{x}_i y_i.$$

これから，以下の数値アルゴリズムが提案される：

$$\boldsymbol{\beta}^{(a+1)} = \left\{\sum_{i=1}^n g'(r_i(\boldsymbol{\beta}^{(a)})^2) \boldsymbol{x}_i \boldsymbol{x}_i^T\right\}^{-1} \sum_{i=1}^n g'(r_i(\boldsymbol{\beta}^{(a)})^2) \boldsymbol{x}_i y_i.$$

少し表現は違うが，もちろん，これは，すでに提案された数値アルゴリズムと同じである．

なお，尺度パラメータに推定値をプラグインした場合は記載していないが，同様に考えられる．

7.1.3 重み付き型の場合

天下り的ではあるが，次のようなロス関数を用意する：

$$L(\boldsymbol{\theta}) = -\frac{1}{\gamma} \log \left\{ \frac{1}{n} \sum_{i=1}^{n} \phi(x_i; \mu, \sigma)^{\gamma} \right\} + \frac{1}{1+\gamma} \log \int \phi(x; \mu, \sigma)^{1+\gamma} dx.$$

ただし $\boldsymbol{\theta} = (\mu, \sigma^2)^T$ である．これをなぜにロス関数と言ってよいのかについては，「ダイバージェンス」の知識が必要となる．それに関しては第 10 章を参照されたい．このロス関数に基づいて，推定値を次のように定義する：

$$\hat{\boldsymbol{\theta}} = \arg\min_{\boldsymbol{\theta}} L(\boldsymbol{\theta}).$$

ここから，推定方程式を導出して，数値アルゴリズムを考える．なお，このロス関数は，前述までの場合と違って，平均パラメータだけでなく，尺度パラメータも同時に扱っていることを指摘しておく（つまり難易度は上がっている）．

さて，推定方程式を考えよう．積分量は次になる：

$$\begin{aligned}
\int \phi(x;\mu,\sigma)^{1+\gamma} dx &= \int (2\pi\sigma^2)^{-(1+\gamma)/2} \exp\left\{-\frac{(1+\gamma)(x-\mu)^2}{2\sigma^2}\right\} dx \\
&= (2\pi\sigma^2)^{-(1+\gamma)/2} \{2\pi\sigma^2/(1+\gamma)\}^{1/2} \\
&= (2\pi\sigma^2)^{-\gamma/2}(1+\gamma)^{-1/2}. \tag{7.1}
\end{aligned}$$

また，次の微分を用意しておく：

$$\begin{aligned}
\frac{\partial}{\partial \mu}\phi(x_i;\mu,\sigma)^{\gamma} &= \gamma\phi(x_i;\mu,\sigma)^{\gamma}\frac{\partial}{\partial \mu}\log\phi(x_i;\mu,\sigma) \\
&= \gamma\phi(x_i;\mu,\sigma)^{\gamma}\frac{\partial}{\partial \mu}\left\{-\frac{1}{2}\log(2\pi\sigma^2) - \frac{(x_i-\mu)^2}{2\sigma^2}\right\} \\
&= \gamma\phi(x_i;\mu,\sigma)^{\gamma}\frac{x_i-\mu}{\sigma^2} \\
\frac{\partial}{\partial \sigma^2}\phi(x_i;\mu,\sigma)^{\gamma} &= \gamma\phi(x_i;\mu,\sigma)^{\gamma}\frac{\partial}{\partial \sigma^2}\log\phi(x_i;\mu,\sigma) \\
&= \gamma\phi(x_i;\mu,\sigma)^{\gamma}\frac{\partial}{\partial \sigma^2}\left\{-\frac{1}{2}\log(2\pi\sigma^2) - \frac{(x_i-\mu)^2}{2\sigma^2}\right\} \\
&= \gamma\phi(x_i;\mu,\sigma)^{\gamma}\left\{-\frac{1}{2\sigma^2} + \frac{(x_i-\mu)^2}{2(\sigma^2)^2}\right\} \\
\frac{\partial}{\partial \sigma^2}\log\int\phi(x;\mu,\sigma)^{1+\gamma}dx &= \frac{\partial}{\partial \sigma^2}\left\{-\frac{\gamma}{2}\log(2\pi\sigma^2) - \frac{1}{2}\log(1+\gamma)\right\} \\
&= -\frac{\gamma}{2\sigma^2}.
\end{aligned}$$

また，次の重み関数を用意しておく：

$$w(x_i;\boldsymbol{\theta}) = \frac{\phi(x_i;\mu,\sigma)^\gamma}{\sum_{j=1}^n \phi(x_j;\mu,\sigma)^\gamma}.$$

これらを利用すると，途中計算は省略するが，推定方程式は次となる：

$$0 = \frac{\partial}{\partial \mu} L(\boldsymbol{\theta})$$
$$= -\frac{1}{\sum_{i=1}^n \phi(x_i;\mu,\sigma)^\gamma} \sum_{i=1}^n \phi(x_i;\mu,\sigma)^\gamma \frac{x_i - \mu}{\sigma^2}$$
$$= -\sum_{i=1}^n w(x_i;\boldsymbol{\theta}) \frac{x_i - \mu}{\sigma^2}.$$
$$0 = \frac{\partial}{\partial \sigma^2} L(\boldsymbol{\theta})$$
$$= -\frac{1}{\sum_{i=1}^n \phi(x_i;\mu,\sigma)^\gamma} \sum_{i=1}^n \phi(x_i;\mu,\sigma)^\gamma \left\{ -\frac{1}{2\sigma^2} + \frac{(x_i-\mu)^2}{2(\sigma^2)^2} \right\} - \frac{\gamma}{2(1+\gamma)\sigma^2}$$
$$= -\sum_{i=1}^n w(x_i;\boldsymbol{\theta}) \frac{(x_i-\mu)^2}{2(\sigma^2)^2} + \frac{1}{2(1+\gamma)\sigma^2}.$$

さらに整理すると，次になる：

$$\mu = \sum_{i=1}^n w(x_i;\boldsymbol{\theta}) x_i.$$
$$\sigma^2 = (1+\gamma) \sum_{i=1}^n w(x_i;\boldsymbol{\theta}) (x_i-\mu)^2.$$

これから，次の数値アルゴリズムを提案できる：

$$\mu^{(a+1)} = \sum_{i=1}^n w(x_i;\boldsymbol{\theta}^{(a)}) x_i.$$
$$(\sigma^2)^{(a+1)} = (1+\gamma) \sum_{i=1}^n w(x_i;\boldsymbol{\theta}^{(a+1)})(x_i - \mu^{(a+1)})^2.$$

これは以前に提案したものである．

また，線形回帰モデルの場合も，回帰モデル用のダイバージェンスを利用することで，同様に数値アルゴリズムを提案できる（10.7節）．

7.2 数値アルゴリズムの単調性

7.2.1 MM アルゴリズム

目的関数 $L(\boldsymbol{\theta})$ の最小化を考えたい．このとき，次のような単調減少性をもつ数値アルゴリズムが得られたとしよう：

$$L(\boldsymbol{\theta}^{(0)}) \geq L(\boldsymbol{\theta}^{(1)}) \geq L(\boldsymbol{\theta}^{(2)}) \geq \cdots \geq L(\boldsymbol{\theta}^{(\infty)}).$$

適当な初期値 $\boldsymbol{\theta}^{(0)}$ から出発すれば，その収束値 $L(\boldsymbol{\theta}^{(\infty)})$ は最小値となるだろう．

いま，適当な点列 $\{\boldsymbol{\theta}^{(a)}\}_{a=0,1,2,\ldots}$ に対して，次を満たす優関数 h (majorization function) があったとする：

(i) $\quad L(\boldsymbol{\theta}) \leq h(\boldsymbol{\theta}; \boldsymbol{\theta}^{(a)})$.
(ii) $\quad L(\boldsymbol{\theta}^{(a)}) = h(\boldsymbol{\theta}^{(a)}; \boldsymbol{\theta}^{(a)})$.

優関数に基づいて，次の点列を考える：

$$\boldsymbol{\theta}^{(a+1)} = \arg\min_{\boldsymbol{\theta}} h(\boldsymbol{\theta}; \boldsymbol{\theta}^{(a)}), \qquad a = 0, 1, 2, \ldots.$$

このとき，先ほどの単調減少性が証明される：

$$L(\boldsymbol{\theta}^{(a)}) \geq L(\boldsymbol{\theta}^{(a+1)}), \qquad a = 0, 1, 2, \ldots.$$

この数値アルゴリズムを **MM アルゴリズム** (majorization-minimization algorithm) という（なお，点列が満たすべき性質は，実際には，

$$h(\boldsymbol{\theta}^{(a+1)}; \boldsymbol{\theta}^{(a)}) \leq h(\boldsymbol{\theta}^{(a)}; \boldsymbol{\theta}^{(a)})$$

であればよい）．

以下では単調減少性を証明する．証明は簡単である．

$$L(\boldsymbol{\theta}^{(a)}) = h(\boldsymbol{\theta}^{(a)}; \boldsymbol{\theta}^{(a)}) \geq h(\boldsymbol{\theta}^{(a+1)}; \boldsymbol{\theta}^{(a)}) \geq L(\boldsymbol{\theta}^{(a+1)}).$$

最初の等式は性質 (ii) であり，次の不等式は点列の作り方から分かり，最後の不等式は性質 (i) である．

7.2.2 回帰パラメータ推定の場合

まずは次の仮定を用意する：

$$[仮定] \quad g(v) \leq g(u) + g'(u)(v-u).$$

これは，$g'(z)$ が単調減少であれば，平均値の定理から成り立つ条件である（これまでに用意されたロス関数が，この仮定を満たすかについては，後で議論する）．この仮定の下で，回帰パラメータの数値アルゴリズムに関わる点列 $\{\boldsymbol{\beta}^{(a)}\}_{a=0,1,2...}$ に対して，ロス関数の単調減少性を証明できる：

$$L(\boldsymbol{\beta}^{(a)}) \geq L(\boldsymbol{\beta}^{(a+1)}), \quad a = 0,1,2,\ldots.$$

なお，平均パラメータ推定の場合は，回帰モデルにおいて $y_i = x_i$ かつ $\boldsymbol{x}_i = 1$ とおいた場合に対応する．

以下では単調減少性を証明する．上記の仮定において，$v = r_i(\boldsymbol{\beta})^2$ で $u = r_i(\boldsymbol{\beta}^{(a)})^2$ とおくと，次が成り立つ：

$$g(r_i(\boldsymbol{\beta})^2) \leq g(r_i(\boldsymbol{\beta}^{(a)})^2) + g'(r_i(\boldsymbol{\beta}^{(a)})^2)\{r_i(\boldsymbol{\beta})^2 - r_i(\boldsymbol{\beta}^{(a)})^2\}.$$

これを利用して，ロス関数の優関数を得る：

$$\begin{aligned} L(\boldsymbol{\beta}) &= \sum_{i=1}^{n} g(r_i(\boldsymbol{\beta})^2) \\ &\leq \sum_{i=1}^{n} \{g(r_i(\boldsymbol{\beta}^{(a)})^2) + g'(r_i(\boldsymbol{\beta}^{(a)})^2)\{r_i(\boldsymbol{\beta})^2 - r_i(\boldsymbol{\beta}^{(a)})^2\}\} \\ &= h(\boldsymbol{\beta}; \boldsymbol{\beta}^{(a)}). \end{aligned}$$

関数 $h(\boldsymbol{\beta}; \boldsymbol{\beta}^{(a)})$ は性質 (i)(ii) を満たすことは簡単に確認できる．結果的に，次のように点列を決めると，MM アルゴリズムの考えにより，ロス関数の単調減少性を得ることができる：

$$\begin{aligned} \boldsymbol{\beta}^{(a+1)} &= \arg\min_{\boldsymbol{\beta}} h(\boldsymbol{\beta}; \boldsymbol{\beta}^{(a)}) \\ &= \arg\min_{\boldsymbol{\beta}} \sum_{i=1}^{n} g'(r_i(\boldsymbol{\beta}^{(a)})^2)(y_i - \boldsymbol{x}_i^T \boldsymbol{\beta})^2 \\ &= \left\{\sum_{i=1}^{n} g'(r_i(\boldsymbol{\beta}^{(a)})^2) \boldsymbol{x}_i \boldsymbol{x}_i^T\right\}^{-1} \sum_{i=1}^{n} g'(r_i(\boldsymbol{\beta}^{(a)})^2 \boldsymbol{x}_i y_i. \end{aligned}$$

最後に，よく利用されるロス関数である，二乗誤差・フーバー型・Bisquare

型において，$g'(z)$ が単調減少であることを示しておこう．二乗誤差のロス関数のときは $g(z) = z$ なので，$g'(z) = 1$ となり，$g(z)$ は単調減少関数である（というか，この場合は，一度の更新で解が求まる）．フーバー型のロス関数においては，z が小さい部分では二乗ロス関数であり，z が大きい部分では $g(z) = 2c\sqrt{z} - c^2$ なので $g'(z) = c/\sqrt{z}$ となり，$g'(z)$ は単調減少関数である．Bisquare 型のロス関数においては，z が小さい部分では $g(z) = 1 - (1 - z/c^2)^3$ なので $g'(z) = 3(1 - z/c^2)^2/c^2$ となり，z が大きい部分では $g(z) = 1$ なので $g'(z) = 0$ となり，$g'(z)$ は単調減少関数である．

7.2.3　重み付き型の場合

重み w_i は非負で $\sum_{i=1}^{n} w_i = 1$ を満たし，z_i は正であるとする．このとき，イェンセンの不等式から，次が成り立つ：

$$-\log \sum_{i=1}^{n} w_i z_i \leq -\sum_{i=1}^{n} w_i \log z_i.$$

ここで，

$$w_i = w(x_i; \boldsymbol{\theta}^{(a)}) = \frac{\phi(x_i; \boldsymbol{\theta}^{(a)})^\gamma}{\sum_{j=1}^{n} \phi(x_j; \boldsymbol{\theta}^{(a)})^\gamma}, \qquad z_i = \frac{\phi(x_i; \boldsymbol{\theta})^\gamma}{w_i},$$

とおく．すると，$w_i z_i = \phi(x_i; \boldsymbol{\theta})^\gamma$ なので，ロス関数に対して，次の式変形が得られる：

$$\begin{aligned}
L(\boldsymbol{\theta}) &= -\frac{1}{\gamma} \log \left\{ \frac{1}{n} \sum_{i=1}^{n} \phi(x_i; \mu, \sigma)^\gamma \right\} + \frac{1}{1+\gamma} \log \int \phi(x; \mu, \sigma)^{1+\gamma} dx \\
&= \frac{1}{\gamma} \log n - \frac{1}{\gamma} \log \sum_{i=1}^{n} w_i z_i + \frac{1}{1+\gamma} \log \int \phi(x; \mu, \sigma)^{1+\gamma} dx \\
&\leq \frac{1}{\gamma} \log n - \frac{1}{\gamma} \sum_{i=1}^{n} w_i \log z_i + \frac{1}{1+\gamma} \log \int \phi(x; \mu, \sigma)^{1+\gamma} dx \\
&= \frac{1}{\gamma} \log n - \frac{1}{\gamma} \sum_{i=1}^{n} w(x_i; \boldsymbol{\theta}^{(a)}) \Big\{ \log \phi(x_i; \boldsymbol{\theta})^\gamma - \log \phi(x_i; \boldsymbol{\theta}^{(a)})^\gamma \\
&\qquad + \log \sum_{j=1}^{n} \phi(x_j; \boldsymbol{\theta}^{(a)})^\gamma \Big\} + \frac{1}{1+\gamma} \left\{ -\frac{\gamma}{2} \log(2\pi\sigma^2) - \frac{1}{2} \log(1+\gamma) \right\} \\
&= c(\boldsymbol{\theta}^{(a)}) + h(\boldsymbol{\theta}; \boldsymbol{\theta}^{(a)}).
\end{aligned}$$

ただし，$c(\boldsymbol{\theta}^{(a)})$ はパラメータ $\boldsymbol{\theta}$ に依存しない部分であり，

$$h(\boldsymbol{\theta};\boldsymbol{\theta}^{(a)}) = -\sum_{i=1}^{n} w(x_i;\boldsymbol{\theta}^{(a)}) \log \phi(x_i;\boldsymbol{\theta}) - \frac{\gamma}{2(1+\gamma)} \log(2\pi\sigma^2),$$

である．関数 $h(\boldsymbol{\theta};\boldsymbol{\theta}^{(a)})$ は，優関数の性質 (i)(ii) を満たすことが簡単に確認できるので，

$$\boldsymbol{\theta}^{(a+1)} = \arg\min_{\boldsymbol{\theta}} h(\boldsymbol{\theta};\boldsymbol{\theta}^{(a)})$$

が得られれば，

$$L(\boldsymbol{\theta}^{(a)}) \geq L(\boldsymbol{\theta}^{(a+1)}), \quad a = 0, 1, 2, \ldots,$$

という単調減少性が得られる．さて，関数 $h(\boldsymbol{\theta};\boldsymbol{\theta}^{(a)})$ を，もう少し整理しよう：

$$h(\boldsymbol{\theta};\boldsymbol{\theta}^{(a)}) = \frac{1}{2}\log(2\pi\sigma^2) + \frac{1}{2\sigma^2}\sum_{i=1}^{n} w(x_i;\boldsymbol{\theta}^{(a)})(x_i-\mu)^2 - \frac{\gamma}{2(1+\gamma)}\log(2\pi\sigma^2)$$

$$= \frac{1}{2(1+\gamma)}\log(2\pi\sigma^2) + \frac{1}{2\sigma^2}\sum_{i=1}^{n} w(x_i;\boldsymbol{\theta}^{(a)})(x_i-\mu)^2.$$

これは，正規分布に対する尤度の式と，重みが違うだけでほぼ同じである．結果的に，これを最小にするパラメータの値は，簡単に得られる（その導出は省略する）．その結果が，7.2.3 項に書かれているものである．

7.3 初期値問題など

　提案された数値アルゴリズムは，ロス関数の単調減少性をもたらすので，目的とした推定値に収束しそうである．しかしながら，目的関数が，極小値をいくつかもつとき，数値アルゴリズムは，最小値ではなく極小値に収束してしまうかもしれない．そのため，初期値の取り方は，非常に重要である．
　平均パラメータを推定する場合には，平均の初期値 $\mu^{(0)}$ としては，中央値を取れば，そんなに問題は起きないだろう．なぜなら，中央値は，通常は，求めたい推定値と近い可能性が高いからである．ただし，外れ値の割合が大きいときは，中央値では推定したい値から遠すぎるかもしれない．その場合は，様々な値を初期値として数値アルゴリズムを動かして，得られたロス関数の最小値の中で最も小さい場合を使うという手もある．とはいえ，どうやって，

様々な初期値を作ればよいのだろうか．

　一つの手としては，n 個の観測値から，適当な個数 q 個をランダムに選んだサブサンプルを利用する方法である．たとえば M 回ランダムに選んで，それぞれの中央値を初期値として，数値アルゴリズムを動かして，得られたロス関数の最小値の中で最も小さい場合を使うのである．適当な q 個を選んだときに，外れ値がうまく除外できていることもあるだろうし，そうでなくても，外れ値の割合が少なくなっていることもあるだろう．そういうときの中央値は良い初期値だろう．

　この方法にはバリエーションが色々と想像できる．初期値をロス関数に入れた時点でロス関数値が大きすぎる場合は，その初期値を捨てて数値アルゴリズムを動かさない．とはいえ，大きすぎると判断する境界値はどうすればよいのだろうか．個数 q やランダム回数 M はどうやって決めればよいのだろうか．まだまだ想像できるが，これ以上は他書を参照されたい（本当は，尺度パラメータの推定値に，平均パラメータの推定値が入るので，それもどうするかという問題も起こる）．

　ここまでは，平均パラメータを目的とした場合だけを紹介したが，尺度パラメータを目的としたときも，初期値の問題は同じように起きる．著者の経験だが，尺度パラメータの初期値は，用意したものよりも大きめに取るほうが，変な値に収束しにくいと感じている．簡単にいうと，分布の一点集中と呼ばれる現象を避けるためである．ロバスト推定においては，観測値の一つだけが想定分布から発生していて，他は外れ値とみなすという極端な場合に収束することを避けるためである（このパラグラフは，なんとなくの感覚を書いているだけで，まとまった話ではないので，分からないようであれば，読み飛ばしても，そこまで問題ないだろう）．

　実は，もっと問題となるのは，尺度パラメータも推定するときに起きやすい問題なのだが，場合によっては，ロス関数に対して，最小値よりも適当な極小値のほうが良かったりする．正規混合分布での最尤推定でも起きる問題である．この辺は，書き出すときりがないので，本書では，問題提起にとどめておく．

　最後に，線形回帰パラメータの推定に対する初期値に触れておこう．たとえば，LAD ロス関数を最小化する推定には，尺度パラメータが必要ない．とりあえず，それを，回帰パラメータの初期値とできる．尺度パラメータも数値アルゴリズムで推定するときは，その回帰パラメータに基づいた MAD 型推定値を初期値として利用すればよいであろう．さらに，上述したように，サ

ブサンプルを利用して工夫もできるであろう．

　本節は，なんだか，だらだらと書かれていると感じているかもしれない．それは正しい感覚である．初期値に関しては決定打はない．そして，ロバスト推定を考える上では，避けることのできない問題なのである．そのような感覚をなんとなく分かってもらえれば，本節の目的は達成できたことになる．

8 ロバストネスの尺度

外れ値に強そうな推定を考えた．さて，その推定は，どの程度，外れ値に強いのであろうか．その程度を計量的に測れないだろうか．その種の問いを議論する章である．

8.1 感度

データ $x_1, \ldots, x_n$ があったとする．このデータからパラメータ θ を推定する場合を考えよう．平均パラメータの場合は典型的な例として $\hat{\theta} = \bar{x}$ がある．このような例をイメージして，推定値は $x_1, \ldots, x_n$ から計算されるので，$\hat{\theta}(x_1, \ldots, x_n)$ と表すことにする．

いま，x_0 というデータ値が挿入されるとする．この値が元のデータ値から大きく離れれば外れ値となる．この場合の推定値を $\hat{\theta}(x_1, \ldots, x_n, x_0)$ で表すことにする．このとき，**感度** (sensitivity) は，次で表される：

$$\hat{\theta}(x_1, \ldots, x_n, x_0) - \hat{\theta}(x_1, \ldots, x_n).$$

新しいデータ値 x_0 によって，推定値がどのくらいずれるかを見ている．挿入値 x_0 が外れ値であっても，この値が大きく変化しないのであれば，推定値 $\hat{\theta}$ は外れ値に強いと言える．

以下に，具体的な例を挙げてみよう．標本数は $n=20$ として，データ値 $x_1, \ldots, x_n$ を標準正規分布からの乱数として得た．ターゲットを平均パラメータとしよう．いくつかのロバスト推定の感度曲線を描いてみた（図 8.1）．

挿入値が平均から離れるほど，標本平均の感度は増え続ける．刈り込み平均の感度は，ある値までは増えるが，そこからは一定になる．刈り込みの特徴が出ている．フーバー型の感度も同様である．Bisquare 型の感度は，あるところまで増えて，あるところから減り，あるところから 0 になる．挿入値

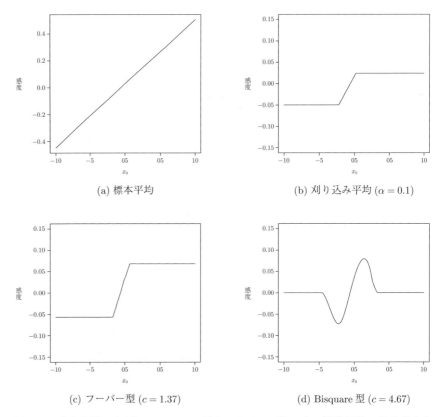

図 8.1 感度曲線．ただし，フーバー型と Bisquare 型では，標準偏差の推定値として MADN を利用している

が十分に大きくて外れ値と見なせるときは，感度は 0 なので，外れ値の影響を受けないということであり，これは望ましい性質と言える．

ところで，フーバー型と Bisquare 型の感度曲線を見ていて，何かデジャヴ（既視感）がないだろうか．対応する M 推定方程式の核関数の動きとそっくりである．これについては 8.4 節で触れることになる．

8.2 潜在バイアス

感度曲線は具体的なデータ値に基づいて計算されるものであった．データ値が異なると感度曲線は変わってくる．本節では，もっと汎用的な，母集団レベルでの感度を考えることにしよう．そのため，まずは，推定量の極限を

考える：

$$\hat{\theta}_n = \hat{\theta}(x_1, \cdots, x_n) \xrightarrow{P} \theta = \theta(F), \quad n \to \infty \quad (X \sim F(x)). \quad (8.1)$$

ここで $F(x)$ は標本 X の分布関数であるとする．ここで現れている $\theta(F)$ という表現に馴染みがない読者が多いであろう．その解説を以下にイメージとして加えておく．正確な話は，Maronna *et al.* (2006) を参照されたい．

パラメータ θ が平均パラメータであるとして話を進めていこう．推定量としては $\hat{\theta} = \bar{x}$ が典型的である．大数の法則から $\bar{x}$ は θ に確率収束する．分布関数 $F(x)$ の密度関数を $f(x)$ で表しておこう．この話をまとめると，以下になる：

$$\hat{\theta} = \bar{x} \xrightarrow{P} \theta = \int x f(x) dx = \int x \, dF(x) = \theta(F).$$

最後から二番目の記号 $\int x dF(x)$ は，**スティルチェス積分**というものを知らないと，意味が分からないであろう．とりあえず，そんなふうにも表現できるんだ，くらいで先に進んでも差し支えない．パラメータ θ は分布関数 F で決まるので $\theta(F)$ と象徴的に表している．この段階で，上述の推定量の極限として考えた (8.1) が表れている．なお，$\theta(F)$ という記号がよく分からないという読者は，$\theta(f)$ というように理解してもらっても，本書を読むには困らない．

ところで，$\theta(f)$ よりも $\theta(F)$ という記号を使いたくなるのは，いくつか理由があるのだが，次のような理由もある．経験分布関数を用意する：

$$F_n(x) = \frac{1}{n} \sum_{i=1}^{n} \Delta_{x_i}(x).$$

ここで，

$$\Delta_a(x) = 1 \quad x \geq a,$$
$$= 0 \quad x < a,$$

である．これは 1 点 $x = a$ だけでデータ値をもつ分布の分布関数である．もちろん $F_n(x) \xrightarrow{P} F(x)$ は成り立つ．この記号を用意すると，実は，次のようにも表せる：

$$\hat{\theta} = \bar{x} = \int x \, dF_n(x) = \theta(F_n).$$

スティルチェス積分

そうすると，F_n が F に収束することを考えると，$\hat\theta = \theta(F_n)$ の極限が，F_n を F に取り換えただけの $\theta(F)$ になると把握しやすくもなる．まあ，でも，この辺で，こういう議論は止めておこう．

さて，我々は，外れ値の混入を考えたい．感度での議論を思い出そう．挿入値 x_0 を m 個加えたときの経験分布関数に対しては，次のような変形ができる：

$$\begin{aligned}
F_n^0(x) &= \frac{1}{n+m}\left\{\sum_{i=1}^n \Delta_{x_i}(x) + m\Delta_{x_0}(x)\right\} \\
&= \left(1 - \frac{m}{n+m}\right)\frac{1}{n}\sum_{i=1}^n \Delta_{x_i}(x) + \frac{m}{n+m}\Delta_{x_0}(x) \\
&= \left(1 - \frac{m}{n+m}\right)F_n(x) + \frac{m}{n+m}\Delta_{x_0}(x).
\end{aligned}$$

ここで，挿入値の割合 $m/(n+m)$ を ε というように固定して，極限をとると，次のように表せる：

$$F_n^0 \xrightarrow{P} F_\varepsilon(x) = (1-\varepsilon)F(x) + \varepsilon\Delta_{x_0}(x). \tag{8.2}$$

挿入値の割合が ε というイメージである．さて，感度は，次を見ていた：

$$\theta(F_n^0) - \theta(F_n).$$

ここで，F_n^0 と F_n を，上述の極限を考慮して，F_ε と F で置き換えよう：

$$\theta(F_\varepsilon) - \theta(F).$$

母集団レベルの感度

潜在バイアス

12) この量は重要なのにきちんとした名前は付けられていないようである．推定量の極限的なバイアスという意味で，漸近バイアスという呼び方はある．しかし，著者は，このバイアスは，推定量ありきではなくて，母集団レベルのバイアスありきの話なので，その名前はあまり使いたくない．それで名前を勝手に付けた．

本書では，これを，**母集団レベルの感度**と呼ぶことにする．また，外れ値の分布を一般的にして，次を考えることもある：

$$F_\varepsilon(x) = (1-\varepsilon)F(x) + \varepsilon\Delta(x). \tag{8.3}$$

ここで $\Delta(x)$ は外れ値の分布に対する分布関数である．この場合は，$\theta(F_\varepsilon) - \theta(F)$ は，挿入値 x_0 に対して決まるわけではないので，感度とは呼びにくい．むしろ，外れ値の分布によって生じるバイアスと捉えられるだろう．ただ，バイアスと呼ぶと，通常のバイアスと勘違いしやすいので，外れ値の分布という潜在的な要因によって生じるという意味で，本書では，**潜在バイアス**[12]と呼ぶことにする．

8.3 潜在バイアスの動向

まずは平均パラメータのロバスト推定の場合を考えよう．データ発生分布の分布関数を $G(x)$ とする．このとき，大数の法則から，推定量の収束は次のようになる：

$$\hat{\mu} = \arg\min_{\mu} \frac{1}{n}\sum_{i=1}^{n} \rho(X_i - \mu)$$
$$\xrightarrow{P} \arg\min_{\mu} E_G[\rho(X - \mu)] = \mu(G).$$

データ発生分布が式 (8.3) であり，$F(x)$ に対応するターゲット分布は $N(0,1)$，外れ値の分布は区間 $(9,11)$ 上の一様分布，外れ値の割合は $\varepsilon = 0.05, 0.2$ であるとしよう．外れ値はターゲット分布から十分に離れていて，$x = 10$ の周辺にあるという感じである．このときの潜在バイアス $\mu(F_\varepsilon) - \mu(F)$ を考えよう．なお，$\rho(x)$ が 3.7 節に現れているロス関数であれば，$\mu(F) = 0$ である（証明は副項 9.3.1.1 を参照されたい）．

まずはフーバー型の場合を考えよう．フーバー型のしきい値は通常の $c = 1.37$ とする．関数 $\mu(F_\varepsilon) = E_{F_\varepsilon}[\rho(X - \mu)]$ を図 8.2 に描いている．外れ値の割合が $\varepsilon = 0.05$ と小さいときは，その最小値は $\mu = 0.1$ 辺りにあり，その値が $\mu(F_\varepsilon)$ である．真値 $\mu^* = 0$ とは少しだけずれている．外れ値の割合が $\varepsilon = 0.2$ と大きいときは，その最小値は $\mu = 0.3$ 辺りとなり，このように潜在バイアスは増えていく．

次に Bisquare 型の場合を考えよう．Bisquare 型のしきい値は通常の $c = 4.68$ とする．関数 $\mu(F_\varepsilon) = E_{F_\varepsilon}[\rho(X - \mu)]$ を図 8.3 に描いている．外れ値の割合が $\varepsilon = 0.05$ と小さいときも $\varepsilon = 0.2$ と大きいときも，その最小値は $\mu = 0$ 辺りとなる．このように，潜在バイアスはほぼ 0 である．

このような潜在バイアスの影響は，推定値としてのずれだけではなく，信頼区間や検定におけるずれにもなる（3.5.5 項を参照）．再下降型の場合は，潜在バイアスがほぼ 0 になる場合もあり，潜在バイアスの意味では，外れ値の影響をあまり考えなくてよいという利点がある．再下降型でない場合は，潜在バイアスの影響が残る場合もあり，それを考慮に入れて，信頼区間や検定の解釈を行う必要がある．

では，再下降型が必ずよいかというと，そうでもない．再下降型にはパラメータ推定の際の問題点がある．図 8.3 を見れば分かるように，最小化する

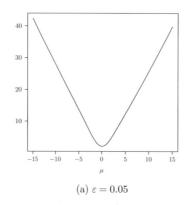
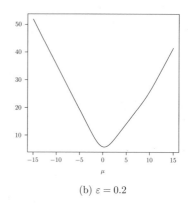

(a) $\varepsilon = 0.05$　　　　　　(b) $\varepsilon = 0.2$

図 8.2 関数 $E_{F_\varepsilon}[\rho(X - \mu)]$ のグラフ．ただし，$\rho(y)$ はフーバー型のロス関数，$F_\varepsilon(x) = (1-\varepsilon)F(x) + \varepsilon\Delta(x)$，$F(x)$ は標準正規分布の分布関数，$\Delta(x)$ は区間 $(9, 11)$ 上の一様分布．$\varepsilon = 0.05, 0.2$．

関数 $E_{F_\varepsilon}[\rho(X - \mu)]$ は，極小値が二つある．そのため，M 推定値を，M 推定方程式の解として考えたとき，M 推定値の候補が二つは現れることになるだろう（厳密には，推定方程式は標本レベルで，図 8.3 は母集団レベルなので，違うのだが，近似的には同様の傾向が想像できる）．どちらを選ぶかはその時点では分からないので，ロス関数の最小化に頼ることになる．そのとき，最小値としては一つになるかもしれないが，実際には，数値アルゴリズムを動かして推定値を得るので，初期値を間違えると，最小値ではないほうの極小値に向かう可能性がある．1 次元なら，初期値を妥当に選びやすいので，大

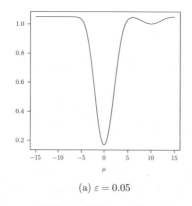
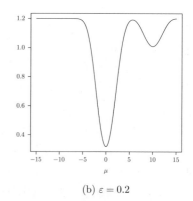

(a) $\varepsilon = 0.05$　　　　　　(b) $\varepsilon = 0.2$

図 8.3 関数 $E_{F_\varepsilon}[\rho(X - \mu)]$ のグラフ．ただし，$\rho(y)$ は Bisquare 型のロス関数，$F_\varepsilon(x) = (1-\varepsilon)F(x) + \varepsilon\Delta(x)$，$F(x)$ は標準正規分布の分布関数，$\Delta(x)$ は区間 $(9, 11)$ 上の一様分布．$\varepsilon = 0.05, 0.2$．

丈夫そうだが，多次元の場合や，平均以外のパラメータのときなどは，妥当な初期値の設定は，案外，難しいかもしれない．

8.4　影響関数

外れ値の影響を見るのに，前節のようにして，母集団レベルの感度をダイレクトに評価することもできるが，ロバスト統計では，M 推定との相性を考えて，母集団レベルの感度の代理指標である影響関数が使われることが多い．
影響関数 (influence function) は次で定義される：

$$\mathrm{IF}(x_0; F) = \lim_{\varepsilon \to 0+} \frac{\theta(F_\varepsilon) - \theta(F)}{\varepsilon}.$$

ただし F_ε は (8.2) である．結果的に，挿入値の割合 ε が十分に小さいとき，母集団レベルの感度は次のように近似できる：

$$\theta(F_\varepsilon) - \theta(F) \approx \varepsilon \times \mathrm{IF}(x_0; F). \tag{8.4}$$

つまり，挿入値の割合 ε が十分に小さいとき，母集団レベルの感度は，おおよそ，影響関数 $\mathrm{IF}(x_0; F)$ で把握できるということである．さらに，証明は後述するが，影響関数は次の形で得られる：

$$\mathrm{IF}(x_0; F) = -\frac{\psi(x_0; \theta)}{E_F[(d/d\theta)\psi(x; \theta)]}. \tag{8.5}$$

あらためて式 (8.5) をじっくりと眺めよう．分母は挿入値 x_0 とは関係がない．挿入値 x_0 と関係するのは分子だけである．そのため，この数式は，影響関数 $\mathrm{IF}(x_0; F)$ の動向は，M 推定方程式の核関数に関係する $\psi(x_0; \theta)$ に比例しているということである：

$$\mathrm{IF}(x_0; F) \propto \psi(x_0; \theta).$$

母集団レベルの感度に対する挿入値の影響は，関係式 (8.4) に見られるように，影響関数で近似的に説明できたことを思い出そう：

$$\text{母集団レベルの感度} \approx \varepsilon \times \mathrm{IF}(x_0; F).$$

結果的に，母集団レベルの感度に対する挿入値の影響は，近似的に，M 推定方程式の核関数に関係する $\psi(x_0; \theta)$ に比例している：

$$\text{母集団レベルの感度} \underset{\sim}{\propto} \psi(x_0; \theta).$$

この性質を利用すれば，挿入値の影響として，こういう動向の影響関数（または近似的な感度）が良いなと思えば，それをそのまま核関数 $\psi(x_0; \theta)$ とすればよいのである．つまり，影響関数（または近似的な感度）の意味では，思うような推定量を，核関数 $\psi(x; \theta)$ を通して簡単に実現できるのである．これはあまりにも大きな特徴である．たとえば，Bisquare 型の核関数は再下降型であった．このとき，母集団レベルの感度も，再下降型であると期待できる．

影響関数とM推定方程式の核関数には式 (8.5) の関係があると述べた．本節の最後に，この関係式を証明しておく（証明に興味がない読者は以下を飛ばしてもよいであろう）．まず $\theta_\varepsilon = \theta(F_\varepsilon)$ とおく．推定方程式の不偏性に基づいて，数式展開を行う：

$$\begin{aligned}
0 &= E_{F_\varepsilon}[\psi(x; \theta(F_\varepsilon))] = E_{F_\varepsilon}[\psi(x; \theta_\varepsilon)] = \int \psi(x; \theta_\varepsilon) dF_\varepsilon(x) \\
&= \int \psi(x; \theta_\varepsilon)(1-\varepsilon) dF(x) + \int \psi(x; \theta_\varepsilon) \varepsilon d\Delta_{x_0}(x) \\
&= (1-\varepsilon) E_F[\psi(x; \theta_\varepsilon)] + \varepsilon \psi(x_0; \theta_\varepsilon).
\end{aligned}$$

ε で微分する．

$$\begin{aligned}
0 = &-E_F[\psi(x; \theta_\varepsilon)] + (1-\varepsilon) \frac{d\theta_\varepsilon}{d\varepsilon} E_F\left[\frac{d\psi}{d\theta}(x; \theta_\varepsilon)\right] \\
&+ \psi(x_0; \theta_\varepsilon) + \varepsilon \frac{d\theta_\varepsilon}{d\varepsilon} \frac{d\psi}{d\theta}(x_0; \theta_\varepsilon).
\end{aligned}$$

次に注意する：

$$\lim_{\varepsilon \to 0+} \frac{d\theta_\varepsilon}{d\varepsilon} = \lim_{\varepsilon \to 0+} \frac{\theta(F_\varepsilon) - \theta(F)}{\varepsilon} = \mathrm{IF}(x_0; F).$$

さらに $\varepsilon \to 0+$ とする：

$$0 = \mathrm{IF}(x_0; F) \times E_F\left[\frac{d\psi}{d\theta}(x; \theta)\right] + \psi(x_0; \theta).$$

式 (8.5) が得られた．

8.5 破局点

推定の外れ値への強さを計量的に測る別の尺度として**破局点** (breakdown point) もある．本書では，破局点に関しては，イメージだけを説明して終えることにする．詳しくは Maronna *et al.* (2006) を参照されたい．

まずは次の順序統計値を考えよう：

$$x_{[1]} \leq \cdots \leq x_{[k-1]} \leq x_{[k]} \leq x_{[k+1]} \leq \cdots \leq x_{[2k-1]}.$$

ここで中央値を考える：

$$\mathrm{Med}(\{x_i\}_{i=1}^{2k-1}) = x_{[k]}.$$

中央値は，$x_{[k+1]}$ から $x_{[2k-1]}$ までが無限大になっても，有限値のままである．つまり，ほぼ半数の値が無限大になっても，中央値は有限値のままであり，半数を超えると無限大になる．これを「破局する」という．標本数が無限大にいくときを考えると，中央値の破局点は $1/2$ である．

9 漸近的性質

パラメータの信頼区間を作ったり，検定をしたりするには，推定量の分布が必要となる．そのときに大きな助けとなるのが標本数 n を大きくしたときの推定量の性質（**漸近的性質**）である．本章では M 推定量の漸近的性質を得ることを主要目的とする．漸近的性質を知るためには**漸近理論** (asymptotic theory) が必要である．漸近理論を理解するにはかなりの知識が必要となる．それはかなり大変である．そこで，本章は，厳密性は犠牲にして，漸近理論の詳しい知識がなくても，なんとなくそういうことなのだろうと理解してもらえるような説明をする．厳密な理解はたとえば，van der Vaart (1998) を参照されたい．

漸近的性質
漸近理論

9.1 大数の法則と中心極限定理

本節では，漸近的性質の基本である，大数の法則と中心極限定理を，簡単に紹介する．厳密な記述や証明については，他書を参照されたい．

母集団を表す確率変数を X とする．平均と分散を $\mu = E[X]$ と $\sigma^2 = \text{Var}[X]$ とおく．この母集団からの無作為標本を $X_1, \ldots, X_n$ としよう．まずは平均 μ を推定する問題を考える．通常は標本平均 $\bar{X}$ で推定することを考えるだろう．このとき，**大数の法則** (law of large numbers) から，標本平均 $\bar{X}$ は μ に確率収束する[13]．これを次のように表す[14]：

$$\bar{X} \xrightarrow{P} \mu \quad (n \to \infty).$$

標本数 n を増やしていけば，標本平均 $\bar{X}$ が平均 μ に，何らかの意味で（ここでは確率収束という意味で）収束するというのは，想像できるであろう．ここでポイントとなるのは分散である．標本平均の分散は次のように得られる：

大数の法則

[13] 確率収束の定義は本書では重要ではないので省略する．とにかく収束だと思っておいて，そんなに問題は起こらないだろう．

[14] 本当は，この手の収束は，もっと強い確率 1 収束も成り立つが，本書の理解には，その差は重要ではないので，確率収束で表現しておく．

$$\mathrm{Var}[\bar{X}] = \frac{\sigma^2}{n}.$$

よって，分散 $\mathrm{Var}[\bar{X}]$ は，標本数 n が無限大に行けば，0 に近づく．分散はばらつき具合を測っているので，$\bar{X}$ のばらつきが 0 に収束すれば，$\bar{X}$ は平均に収束していくだろうと想像できる．なお，パラメータ θ に対する推定量 $\hat{\theta}_n$ が，θ に確率収束するとき，**一致性** (consistency) をもつという．標本平均 $\bar{X}$ は平均 μ に対する一致推定量となる．

一致性

次に，標本平均の標準化変数を考えよう：

$$Z_n = \frac{\bar{X} - \mu}{\sqrt{\sigma^2/n}}.$$

これは，平均が 0 であり，分散は 1 である．この標準化変数は，標本数 n が無限大に行くと，どういう所に近づいていくだろうか．**中心極限定理** (central limit theorem) から，標準化変数 Z_n は，標準正規分布 $N(0,1)$ に分布収束する．これを次のように表す：

中心極限定理

$$Z_n \xrightarrow{d} N(0,1).$$

少し変形すると，次のようにも表現できる：

$$\sqrt{n}\,(\bar{X} - \mu) \xrightarrow{d} N(0, \sigma^2).$$

このように，確率変数の分布は，標本数を大きくしたときに正規分布に近づくとき，**漸近正規性** (asymptotic normality) をもつという．いま，標準正規分布に従う確率変数を Z で表すことにしよう．このとき，$Z_n \xrightarrow{d} N(0,1)$ は，次のことである：

漸近正規性

$$\lim_{n \to \infty} \mathrm{Pr}(Z_n \leq z) = \mathrm{Pr}(Z \leq z).$$

つまり，標準化変数 Z_n の分布が，標準正規分布に近づいていくということである．これを次のようにも表現する：$Z_n \xrightarrow{d} Z$．

ここまで，あまり明記せずに進んできたが，実は，上記は，驚くべき結果である．母集団の確率変数の分布は何でもよいのである．母集団の分布は，正規分布である必要はなく，指数分布でも，ポアソン分布でも，何でもよいのである．大数の法則はまだ納得できやすいだろう．しかし，中心極限定理は，相当に驚く結果である．たとえば，母集団の分布が，指数分布のように左右対称でなくても，漸近的には，左右対称の，しかも，正規分布に近づいてい

くのである．本書では，これ以上は，深く触れないことにする．

さて，信頼区間や検定を行うときには，スチューデント化変数が重要であった．不偏標本分散を用意する：

$$S^2 = \frac{1}{n-1}\sum_{i=1}^{n}(X_i - \bar{X})^2.$$

スチューデント化変数は次で表現される：

$$T_n = \frac{\bar{X}-\mu}{\sqrt{S^2/n}}.$$

これはどこに近づくのだろうか．証明は省略するが，不偏標本分散 S^2 は，期待するように，σ^2 に確率収束する．それならば，スチューデント化変数は，S^2 を σ^2 に取り換えて得られる標準化変数 Z_n と漸近的な動向は変わらないように期待するが，実際にそのとおりとなり，次の結果が得られる：

$$T_n \xrightarrow{d} N(0,1).$$

上述の結果を信頼区間の構成に利用してみよう．まずは，母集団分布が正規分布だったときの復習から始める．そのとき，スチューデント化変数は，t 分布に従う．そのときの両側 5% 点を t^*_{n-1} と表すことにする．結果的に次の数式が得られる：

$$\Pr(|T_n| \leq t^*_{n-1}) = 0.95.$$

数式 $|T_n| \leq t^*_{n-1}$ を変形することで信頼水準 95% の信頼区間が構成できる：

$$|T_n| \leq t^*_{n-1} \Leftrightarrow \left|\frac{\bar{X}-\mu}{\sqrt{S^2/n}}\right| \leq t^*_{n-1}$$
$$\Leftrightarrow \mu \in \left[\bar{X} - t^*_{n-1}\sqrt{\frac{S^2}{n}}, \bar{X} + t^*_{n-1}\sqrt{\frac{S^2}{n}}\right].$$

次に漸近的性質を使って信頼区間を構成しよう．標準正規分布の両側 5% 点を z^* と表わすことにする．標本数 n が十分に大きければ，次の近似式が得られる：

$$\Pr(|T_n| \leq z^*) \approx \Pr(|Z| \leq z^*) = 0.95.$$

ここで $T_n \xrightarrow{d} Z \sim N(0,1)$ を使っている．数式 $|T_n| \leq z^*$ を変形することで

信頼水準が近似的に 95% の信頼区間が構成できる：

$$\mu \in \left[\bar{X} - z^*\sqrt{\frac{S^2}{n}}, \bar{X} + z^*\sqrt{\frac{S^2}{n}}\right].$$

さらに検定についても考えておこう．帰無仮説が $H : \mu = \mu_0$ であったとする．ここで次の検定統計量を用意する：

$$T_n = \frac{\bar{X} - \mu_0}{\sqrt{S^2/n}}.$$

この分布は，帰無仮説の下では，正規分布で近似できる．結果的に，次のように棄却域を定めたとき，それは，有意水準が近似的に 95% の検定になる：

$$|T_n| > z^* \implies \text{帰無仮説 } H_0 \text{ を棄却する}.$$

データから得られた実現値が t_n であるとき，対応する P 値は次で計算できる：

$$\Pr(|T_n| > |t_n| \mid H) \approx \Pr(|Z| > |t_n|) = 2\{1 - \Phi(|t_n|)\}.$$

ただし $\Phi(z)$ は標準正規分布の分布関数とする．

9.2 最尤推定量の漸近的性質

9.2.1 一致性と漸近正規性

最初に最尤推定量の漸近的性質をまとめておく．母集団の確率変数を X とする．母集団の密度関数を $g(x)$ で表す．無作為標本を $X_1, \ldots, X_n$ で表す．母集団の密度関数をパラメータ θ をもつ密度関数 $f(x; \theta) = f_\theta(x)$ で推し量ることを考えよう．最尤推定量は次で定義される：

$$\hat{\theta} = \arg\max_\theta \sum_{i=1}^n \log f(X_i; \theta).$$

正則条件　簡単のために真のパラメータ値 θ^* が存在して $g(x) = f(x; \theta^*)$ と表現できるとしよう．ここで，密度関数が微分可能であるとか，微分と積分が交換できるとか，ある種の積分が存在するとか，ある種の量が退化しないとか，様々な条件が成り立っているとしよう（そういうものを一般に**正則条件** (regularity condition) という．その厳密性は他書を参照されたい）．このとき次が成り

立つ：

(i) $\hat{\theta} \xrightarrow{P} \theta^*$.

(ii) $\sqrt{n}(\hat{\theta} - \theta) \xrightarrow{d} N(0, I(\theta^*)^{-1})$.

ここで，$I(\theta)$ はフィッシャー情報量と呼ばれ，次で定義される： フィッシャー情報量

$$I(\theta) = E_{f_\theta}\left[-\frac{d^2}{d\theta^2}\log f(X;\theta)\right].$$

性質 (i) は一致性であり，大数の法則に対応すると考えられる．性質 (ii) は漸近正規性であり，中心極限定理に対応すると考えられる．後で証明の概略を見るのだが，そこで，大数の法則や中心極限定理を基にして証明されているのが見て取れるだろう．

なお厳密には，上述の漸近的性質は，最尤推定量に対してではなくて，尤度方程式の適当な解 $\hat{\theta}$ に対して成り立つのだが，そのような細かい話は後で議論する．

9.2.2 KL ダイバージェンスと一致性

最尤推定量はカルバック–ライブラー・ダイバージェンス (Kullback–Leibler divergence) と深い関係がある．KL ダイバージェンスの話から進めるほうが分かりやすいので，そちらから話を始めよう．二つの密度関数 $g(x)$ と $f(x)$ の間の KL ダイバージェンスは次で定義される： カルバック–ライブラー・ダイバージェンス（**KL** ダイバージェンス）

$$\begin{aligned}D_{\mathrm{KL}}(g, f) &= E_g\left[\log \frac{g(X)}{f(X)}\right] = \int g(x)\log \frac{g(x)}{f(x)} dx \\ &= E_g[\log g(X)] - E_g[\log f(X)].\end{aligned}$$

これは次の性質をもつ：

(i) $D_{\mathrm{KL}}(g, f) \geq 0$.

(ii) $D_{\mathrm{KL}}(g, f) = 0 \Leftrightarrow g(x) = f(x)$ (a.e.).

(ここで a.e. (almost everywhere) という記号を使っているが，なんとなくの理解の上では，知らんぷりしてもあんまり問題はない）．このダイバージェンスは，二つの密度関数間の距離みたいなものと理解してもらって構わない．この証明は 10.1.1 項で行う．

いま，データ発生分布を $g(x)$ として，パラメトリックモデル $f(x;\theta)$ によっ

て近似することを考えよう．このとき，二つの密度関数の間の距離を最小にするような θ を求めて，それを $\theta^\dagger$ とおくことにする．密度関数 $f(x;\theta^\dagger)$ は，データ発生分布 $g(x)$ の良い近似となっているであろう．ここでは，距離もどきとして，KL ダイバージェンスを使うことにする：

$$\theta^\dagger = \arg\min_\theta D_{\mathrm{KL}}(g, f_\theta).$$

本節では，簡単のために，データ発生分布が，パラメトリックモデルの一つとして想定しよう．より正確には，パラメータの真値 θ^* があって $g(x) = f(x;\theta^*)$ と書けると想定する．性質 (i) と (ii) から $\theta^\dagger = \theta^*$ となることを注意しておく：

$$\theta^\dagger = \arg\min_\theta D_{\mathrm{KL}}(g, f_\theta) = \arg\min_\theta D_{\mathrm{KL}}(f_{\theta^*}, f_\theta) = \theta^*.$$

以下では，$\theta^\dagger$ の代わりに θ^* で話を進める．

さて，先ほどの数式を，もう少し変形してみよう：

$$\begin{aligned}
\theta^*(=\theta^\dagger) &= \arg\min_\theta D_{\mathrm{KL}}(g, f_\theta) \\
&= \arg\min_\theta \{E_g[\log g(X)] - E_g[\log f(X;\theta)]\} \\
&= \arg\max_\theta E_g[\log f(X;\theta)].
\end{aligned}$$

ここで，大数の法則を，少し修正したものを考えてみよう：

$$\frac{1}{n}\sum_{i=1}^n h(X_i) \xrightarrow{P} E_g[h(X)].$$

いま，$h(X) = \log f(X;\theta)$ と取り直せば，次の近似を考えることができる：

$$\begin{aligned}
\theta^* &= \arg\max_\theta E_g[\log f(X;\theta)] \\
&\xleftarrow{P} \arg\max_\theta \frac{1}{n}\sum_{i=1}^n \log f(X_i;\theta) = \hat{\theta}.
\end{aligned}$$

この結果として，最尤推定量 $\hat{\theta}$ は，θ^* の一致推定量となる[15]．

なお，ここまでの話は，パラメータ θ は，スカラーである必要はなく，ベクトル $\boldsymbol{\theta}$ であっても，全く同じ議論ができる．さらに，この証明を見ていて分かるのは，$g(x) = f(x;\theta^*)$ という仮定は，本質ではないということである．同様の流れで次を示すこともできる：

$$\hat{\theta} \xrightarrow{P} \theta^\dagger.$$

[15] 式変形で，$\xleftarrow{P}$ の部分は，正確ではない．なぜ正確でないのかは，一様収束の概念を知っていれば，想像できると思う．しかし，まあまあ正しそうな気もするし，なんとなく理解するには，そんなもんだろう程度で構わないとも思う．

9.2.3 漸近正規性の導出

最尤推定量 $\hat{\theta}$ は次の尤度方程式の解であるとする：

$$0 = \sum_{i=1}^{n} \frac{dl}{d\theta}(X_i; \theta).$$

ここでは $l(x; \theta) = \log f(x; \theta)$ とおいた．この等式にテイラー展開を施してみよう：

$$\begin{aligned}
0 &= \sum_{i=1}^{n} \frac{dl}{d\theta}(X_i; \hat{\theta}) \\
&\approx \sum_{i=1}^{n} \frac{dl}{d\theta}(X_i; \theta^*) + \sum_{i=1}^{n} \frac{d^2 l}{d\theta^2}(X_i; \theta^*) \left(\hat{\theta} - \theta^* \right).
\end{aligned}$$

さらに変形する：

$$\sqrt{n} \left(\hat{\theta} - \theta^* \right) \approx \left\{ -\frac{1}{n} \sum_{i=1}^{n} \frac{d^2 l}{d\theta^2}(X_i; \theta^*) \right\}^{-1} \sqrt{n} \frac{1}{n} \sum_{i=1}^{n} \frac{dl}{d\theta}(X_i; \theta^*).$$

大数の法則から次が得られる：

$$-\frac{1}{n} \sum_{i=1}^{n} \frac{d^2 l}{d\theta^2}(X_i; \theta^*) \xrightarrow{P} E_{f_{\theta^*}} \left[-\frac{d^2 l}{d\theta^2}(X_i; \theta^*) \right] = I(\theta^*).$$

さらに，後で，中心極限定理から，次を得る：

$$\sqrt{n} \frac{1}{n} \sum_{i=1}^{n} \frac{dl}{d\theta}(X_i; \theta^*) \xrightarrow{d} N\left(0, I(\theta^*)\right). \tag{9.1}$$

結果的に，次を想像する：

$$\sqrt{n} \left(\hat{\theta} - \theta^* \right) \xrightarrow{d} I(\theta^*)^{-1} N\left(0, I(\theta^*)\right) \stackrel{d}{=} N\left(0, I(\theta^*)^{-1}\right).$$

これが最尤推定量の漸近正規性である．

さて，漸近正規性 (9.1) を証明しておこう．まずは中心極限定理を書き直しておく：

$$\sqrt{n} \left(\frac{1}{n} \sum_{i=1}^{n} Y_i - E[Y] \right) \xrightarrow{d} N(0, \mathrm{Var}[Y]).$$

いま $Y_i = (dl/d\theta)(X_i; \theta^*)$ とおく．これは**スコア関数**と呼ばれており，証明は

スコア関数

省くが，簡単な計算から，次が知られている：

$$E[Y] = 0. \qquad \mathrm{Var}[Y] = I(\theta^*).$$

結果的に次が得られる：

$$\sqrt{n}\frac{1}{n}\sum_{i=1}^{n}\frac{dl}{d\theta}(X_i;\theta^*) \xrightarrow{d} N\left(0, I(\theta^*)\right).$$

さて，パラメータがベクトルになった場合はどうなるか，であるが，行列に慣れていれば，上記と全く同じことを考えることができる．ここでは，結果だけを，述べておくことにしよう：

$$\sqrt{n}\left(\hat{\boldsymbol{\theta}} - \boldsymbol{\theta}^*\right) \xrightarrow{d} N\left(\mathbf{0}, I(\boldsymbol{\theta}^*)^{-1}\right).$$

フィッシャー情報行列

ここで，$I(\boldsymbol{\theta})$ は，フィッシャー情報行列と呼ばれ，次で定義される：

$$I(\boldsymbol{\theta}) = E_{f_{\boldsymbol{\theta}}}\left[-\frac{\partial^2}{\partial\boldsymbol{\theta}\partial\boldsymbol{\theta}^T}\log f(X;\boldsymbol{\theta})\right].$$

9.2.4 回帰モデルの場合

次の単純な回帰モデルを考えよう：

$$Y = \beta x + \varepsilon.$$

簡単のために，ノイズの ε は，独立に正規分布 $N(0,1)$ に従うとしよう．このとき $Y \sim N(\beta x, 1)$ となる．標準正規分布の密度関数を $\phi(z)$ で表すことにしよう．このとき，Y の密度関数は，次のように表現できる：

$$f(y|x;\beta) = \phi(y - \beta x).$$

説明変数 $x_1, \ldots, x_n$ に対して標本 $Y_1, \ldots, Y_n$ が得られるとして，ノイズ $\varepsilon_1, \ldots, \varepsilon_n$ が独立であるとしよう．このとき，最尤推定量は，次のように表現できる：

$$\hat{\beta} = \arg\max_{\beta}\prod_{i=1}^{n}f(Y_i|x_i;\beta) = \arg\max_{\beta}\sum_{i=1}^{n}\log f(Y_i|x_i;\beta).$$

漸近的性質を考えようとしたとき，ここで少し困るのは，Y_i は $N(\beta x_i, 1)$ なので，$Y_1, \ldots, Y_n$ は平均が異なり，無作為標本ではないため，無作為標本の

ときに得た漸近理論の結果が，そのまま使えないことである．本節では，その問題を簡単に克服する手段を与える．

ところで，表現をかなり一般的にしても，全く同じように議論することになるので，もっと一般的なことを考えよう．たとえば，単純な線形項 βx が複雑な項 $h(\beta_0 + \beta_1 x_1 + \cdots + \beta_p x_p)$ となったとして，ノイズを $N(0,1)$ から $N(0, \sigma^2)$ にしたとしても，パラメータとして $\boldsymbol{\theta} = (\beta_0, \ldots, \beta_p, \sigma)^T$ を用意して，説明変数ベクトル $\boldsymbol{x} = (x_1, \ldots, x_p)^T$ を用意すれば，密度関数は次のように表現できる：

$$f(y|\boldsymbol{x}; \boldsymbol{\theta}) = \phi\left(\frac{y - h(\beta_0 + \beta_1 x_1 + \cdots + \beta_p x_p)}{\sigma}\right) \frac{1}{\sigma}.$$

密度関数は $f(y|\boldsymbol{x}; \boldsymbol{\theta})$ という記号で象徴できるというのがポイントである．実は，$y = 1, 0$ のときのロジスティック回帰モデルを含んだ，より多くの回帰モデルでも，詳細は省略するが，やはり $f(y|\boldsymbol{x}; \boldsymbol{\theta})$ と表現できる．そのため，以下では，線形回帰モデルのパラメータに対する最尤推定量の漸近的性質を考えるのではなく，より一般的に，密度関数 $f(y|\boldsymbol{x}; \boldsymbol{\theta})$ におけるパラメータ $\boldsymbol{\theta}$ に対する最尤推定量の漸近的性質を，考えることにしよう．

ここで，説明変数も，ランダムであったとしよう．ここがポイントである．このとき，確率変数 $(Y, \boldsymbol{X}^T)^T$ の密度関数を，パラメトリックモデル $f(y, \boldsymbol{x}; \boldsymbol{\theta}) = f(y|\boldsymbol{x}; \boldsymbol{\theta}) f(\boldsymbol{x})$ によって推し量ることを考えよう．結果的に，無作為標本 $(Y_1, \boldsymbol{X}_1), \ldots, (Y_n, \boldsymbol{X}_n)$ が得られたときの最尤推定量は，次のように書ける：

$$\begin{aligned}
\hat{\boldsymbol{\theta}}^\dagger &= \arg\max_{\boldsymbol{\theta}} \sum_{i=1}^n \log f(\boldsymbol{X}_i, Y_i; \boldsymbol{\theta}) \\
&= \arg\max_{\boldsymbol{\theta}} \sum_{i=1}^n \log\{f(Y_i|\boldsymbol{X}_i; \boldsymbol{\theta}) f(\boldsymbol{X}_i)\} \\
&= \arg\max_{\boldsymbol{\theta}} \sum_{i=1}^n \{\log f(Y_i|\boldsymbol{X}_i; \boldsymbol{\theta}) + \log f(\boldsymbol{X}_i)\} \\
&= \arg\max_{\boldsymbol{\theta}} \sum_{i=1}^n \log f(Y_i|\boldsymbol{X}_i; \boldsymbol{\theta}) \\
&= \hat{\boldsymbol{\theta}}.
\end{aligned}$$

つまり，慣習的に使われている最尤推定量 $\hat{\boldsymbol{\theta}}$ は，説明変数をランダムだと思って作った最尤推定量 $\hat{\boldsymbol{\theta}}^\dagger$ と全く同じになる．さらに，$\hat{\boldsymbol{\theta}}^\dagger$ は，無作為標本から作られた最尤推定量なので，すでに得た漸近的性質がそのまま使える．まず

は，真の分布を $g(y,\boldsymbol{x}) = g(y|\boldsymbol{x})g(\boldsymbol{x})$ と表現しておき，真の条件付き分布がパラメトリック分布で表現できると仮定しよう：$g(y|\boldsymbol{x}) = f(y|\boldsymbol{x};\boldsymbol{\theta}^*)$．このとき，以前の漸近的性質から，適当な正則条件の下で，次が得られる：

(i) $\hat{\boldsymbol{\theta}} \xrightarrow{P} \boldsymbol{\theta}^*$．

(ii) $\sqrt{n}(\hat{\boldsymbol{\theta}} - \boldsymbol{\theta}^*) \xrightarrow{d} N(\boldsymbol{0}, I(\boldsymbol{\theta}^*)^{-1})$．

ただし，情報行列 $I(\boldsymbol{\theta}^*)$ は，$g(y,\boldsymbol{x};\boldsymbol{\theta}^*) = f(y|\boldsymbol{x};\boldsymbol{\theta}^*)g(\boldsymbol{x})$ を利用して，次で表現できる：

$$I(\boldsymbol{\theta}^*) = E_{g(\boldsymbol{x},y;\boldsymbol{\theta}^*)}\left[-\frac{\partial^2}{\partial\boldsymbol{\theta}\partial\boldsymbol{\theta}^T}\log f(\boldsymbol{x},y;\boldsymbol{\theta})\Big|_{\boldsymbol{\theta}=\boldsymbol{\theta}^*}\right].$$

少しだけ問題となるのは，$g(\boldsymbol{x})$ は未知であり，それを含んだ情報行列 $I(\boldsymbol{\theta}^*)$ は計算できないことである．ただし，その一致推定量は，大数の法則から，容易に作成できる：

$$\begin{aligned}
I(\boldsymbol{\theta}^*) &= E_{g(\boldsymbol{x},y;\boldsymbol{\theta}^*)}\left[-\frac{\partial^2}{\partial\boldsymbol{\theta}\partial\boldsymbol{\theta}^T}\{\log f(y|\boldsymbol{x};\boldsymbol{\theta}) + \log f(\boldsymbol{x})\}\Big|_{\boldsymbol{\theta}=\boldsymbol{\theta}^*}\right] \\
&= E_{g(\boldsymbol{x},y;\boldsymbol{\theta}^*)}\left[-\frac{\partial^2}{\partial\boldsymbol{\theta}\partial\boldsymbol{\theta}^T}\log f(y|\boldsymbol{x};\boldsymbol{\theta})\Big|_{\boldsymbol{\theta}=\boldsymbol{\theta}^*}\right] \\
&\xleftarrow{P} -\frac{1}{n}\sum_{i=1}^n \frac{\partial^2}{\partial\boldsymbol{\theta}\partial\boldsymbol{\theta}^T}\log f(Y_i|\boldsymbol{X}_i;\boldsymbol{\theta})\Big|_{\boldsymbol{\theta}=\hat{\boldsymbol{\theta}}}.
\end{aligned}$$

信頼区間や検定などの場合は，この推定量を使えばよい．

説明変数がランダムでない場合はどうなるのであろうか．もちろん，それ用の理論はある．ただ，ランダムだと思っても，そう思わなくても，結果的に得られる信頼区間や検定方式は，同じになりやすいので，ランダムの場合だけ理解していても，応用上はあまり問題ない気がする．たとえば，$x = 1, 2, \ldots, k$ のときに計測されたデータであっても，x は $\{1, 2, \ldots, k\}$ 上の一様分布からの偶然の実現値だと思えば，応用上はあまり問題ない気がする（もちろん場合による）．

9.2.5 注意点

ここから書く話は，きれいでない話である．しかし，最尤推定量を使うときには，意識してほしい内容ではあるので，あえて触れることにする．また，ロバスト推定を考えるときには，さらに意識する必要があるので，ここで触れておくことにする．曖昧な話なので，なんとなく理解できれば，十分である．

最初に書いておくと，厳密には，最尤推定量は，いつでも一致性をもつわけではない（つまり，前述の記述には，数学的に正確でない部分が含まれている．厳密な証明は本書のレベルを超えるのと，本書の方向性からして，数学的な厳密性よりもイメージを優先した）．パラメータの存在領域が有界閉集合であれば一致性はだいたい保証される．しかし，一般的には，パラメータの存在領域は有界閉集合ではない．パラメータの存在領域に制約がない場合は，一般的に保証される一致性に関する定理は，以下である：

適当な正則条件が仮定されているとする．そのとき，尤度方程式

$$\sum_{i=1}^{n} \frac{dl}{d\theta}(X_i;\theta) = 0$$

の「適当な解」$\hat{\theta}$ は一致性を持つ．

最尤推定量の一致性ではなくて，尤度方程式の「適当な解」の一致性である[16]．正規分布を含めた多くの標準的な分布は，尤度方程式の解が唯一なので，問題は起きない．しかし，複雑なモデルのときは，尤度方程式の解はたくさんある．では，尤度方程式の解の中で，尤度を最大にするものを取ればよいかというと，実はそうでもないのである．たとえば，正規混合分布の場合には，適当な場合に，尤度は無限に飛んでいき，そのときのパラメータ値は，とても良い推定値とは思えない．正規混合分布のような頻繁に使われる分布でも，この問題は起きる．

代替案として，初期値をきちんと取って，適当な数値アルゴリズムで尤度方程式の解に収束した値ならば，なんとなく良さそうに思える．初期値としては，統計の場合は，適当な一致推定量を作れることが多いので，それに基づく数値は，初期値としては，まあまあ妥当だろう．とはいえ，そのような初期推定値の構成自体が難しいこともあるし，数値アルゴリズムで収束した値が上述の「適当な解」とは限らない．

このように，少し複雑になると，この問題は避けて通れない．決定打はなく，モデルが複雑になれば，データ解析のときは，本節で議論した問題に，常に注意するしかない．

最尤推定の場合は，モデルを複雑化することによって起こる問題となるが，M推定のように推定方法を複雑化すれば，やはり同じ問題が起きることを，最後に，付け加えておきたい．標準的でないことをするというのは，様々な注意点が増えるということである．

[16] 「適当な解」の意味をきちんと説明するのは本書のレベルを遥かに超えるので，残念だが省略する．

9.3 M推定量の漸近的性質：独立同一標本の場合

本節では次の設定で話を進める．母集団の確率変数を X とする．母集団の密度関数を $g(x)$ で表す．無作為標本を $X_1, \ldots, X_n$ で表す．母集団のパラメータとしては，$\mu = E[X]$ や $\sigma^2 = \text{Var}[X]$ であったり，より一般的に θ と表現したりする．そのようなパラメータを推定したい．

9.3.1 一致性

本節では，一致性がどのように得られるかを，いくつかの場合に分けて説明する．

9.3.1.1 平均パラメータの場合

平均パラメータ μ の M 推定でロス関数がある場合を考える：

$$\hat{\mu} = \arg\min_{\mu} \sum_{i=1}^{n} \rho(X_i - \mu).$$

ここでロス関数 $\rho(x)$ は次の性質を満たすとする：

(i) $\rho(x)$ は偶関数である．
(ii) $\rho(x)$ は $x > 0$ において単調増加である．
(iii) 適当な正の領域 (a, b) で ρ は狭義単調増加である．

3.7 節に現れたロス関数は，すべて，この性質を満たす．最初に，以下の命題を，事実として述べる（証明は後述する）：

(a) 密度関数 $f(x)$ が左右対称で単峰で正であるとする：つまり，$f(-x) = f(x)$ であり，$|x_1| < |x_2|$ のとき $f(|x_1|) > f(|x_2|)$ であり，$f(x) > 0$ である（この条件は緩められるがこの程度にする）．
(b) 母集団の密度関数が $g(x) = f(x - \mu^*) = f_{\mu^*}(x)$ であるとする（平均は μ^* となる）．

条件 (a) と (b) の下で，$\lambda(\mu) = E_{f_{\mu^*}}[\rho(X - \mu)]$ は $\mu = \mu^*$ のときに最小となる．

結果として，ロス関数に基づいた M 推定量の一致性が，以下のように想像で

きる：

$$\hat{\mu} = \arg\min_{\mu} \frac{1}{n}\sum_{i=1}^{n} \rho(X_i - \mu)$$
$$\xrightarrow{P} \arg\min_{\mu} E_{f_{\mu^*}}[\rho(X - \mu)] = \mu^*$$

ただし，データに外れ値が含まれている場合，データ発生分布 $g(x)$ とターゲット分布 $f(x - \mu^*)$ には乖離がある．つまり仮定 (b) が成立していない．そのため，上記の一致性は，そのまま鵜呑みにはできない．なぜなら，そのようなとき，上記の収束性は，正確には次になる：

$$\hat{\mu} \xrightarrow{P} \arg\min_{\mu} E_g[\rho(X - \mu)] = \mu(g).$$

そのため，潜在バイアス $\mu(g) - \mu^*$ だけのギャップがある．このギャップに関しては，副項 9.3.1.3 で議論する．

また，M 推定量では，標準偏差の推定量 $\hat{\sigma}$ を，ロス関数 ρ の中に入れ込むことがある．そのような推定量を入れても，一致性は，以下のように，同様に想像できる：

$$\hat{\mu} = \arg\min_{\mu} \frac{1}{n}\sum_{i=1}^{n} \rho\left(\frac{X_i - \mu}{\hat{\sigma}}\right)$$
$$\xrightarrow{P} \arg\min_{\mu} E_{f_{\mu^*}}\left[\rho\left(\frac{X_i - \mu}{\sigma}\right)\right] = \mu^*$$

最後に，上記の命題を，証明しておくことにしよう．簡単のために $\mu^* = 0$ として，$\lambda(\mu)$ が $\mu = 0$ のときに最小になることを証明する： まず $\mu > 0$ とする．このとき次が成り立つ：

$\lambda(\mu) - \lambda(0)$
$= E_f[\rho(x - \mu)] - E_f[\rho(x)]$
$= \int \{\rho(x - \mu) - \rho(x)\} f(x) dx$
$= \int_{\mu/2}^{\infty} \{\rho(x - \mu) - \rho(x)\} f(x) dx + \int_{-\infty}^{\mu/2} \{\rho(x - \mu) - \rho(x)\} f(x) dx$
$= \int_{\mu/2}^{\infty} \{\rho(x - \mu) - \rho(x)\} f(x) dx + \int_{\infty}^{\mu/2} \{\rho(-y) - \rho(\mu - y)\} f(\mu - y)(-1) dy$
$= \int_{\mu/2}^{\infty} \{\rho(x - \mu) - \rho(x)\} f(x) dx + \int_{\mu/2}^{\infty} \{\rho(y) - \rho(y - \mu)\} f(y - \mu) dy$

$$= \int_{\mu/2}^{\infty} \{\rho(x) - \rho(x-\mu)\} \{f(x-\mu) - f(x)\} \, dx$$
$$> 0.$$

5番目の等式では偶関数性を利用している．最後の不等式は次のように証明できる．$x > \mu/2 > 0$ であり，さらに，$x - \mu > -\mu/2$ である．$f(x)$ が左右対称で単峰なので $f(x-\mu) - f(x) > 0$ となる．性質 (i) と (ii) から $\rho(x) - \rho(x-\mu) \geq 0$ となる．性質 (iii) から $x - \mu$ が正領域 (a, b) に入るとき $\rho(x) - \rho(x-\mu) > 0$ となる．これで最後の不等式の証明が終わる．$\mu < 0$ の場合も同様に証明できる．

9.3.1.2 一般の場合

一般の M 推定量に対する一致性はどうやって証明するのであろうか．実は，説明するには，かなりの知識が必要になる．特に，**陰関数の定理**と呼ばれる，方程式 $h(x, y) = 0$ の解 $y = y(x)$ が局所で唯一になるための条件が，本質である．最尤推定量だとフィッシャー情報量が正であるという条件に対応する．そんなこんなの正則条件の下で，M 推定方程式の解の中でも，適当な解は一致性をもつことが証明できる．この命題は 9.2.5 項で述べた最尤推定量の場合と似ている．そして，その話は難しいと述べた．というわけで，本書では，これ以上は追わないことにする．

ただし，第 10 章で紹介するような，ダイバージェンスに基づいてパラメータの推定量が作られる場合は，平均パラメータの場合のように，少しは簡単に考えることができる．その場合は，第 10 章で議論される．

9.3.1.3 一致性に関する注意点

これまでの議論では，主に $g(x) = f(x; \theta^*)$ を仮定していた．しかし，データに外れ値が含まれている場合，データ発生分布 $g(x)$ とターゲット分布 $f(x; \theta^*)$ には乖離がある．その場合の潜在バイアス $\theta(g) - \theta^*$ に関しては，平均パラメータの推定に関しては 8.3 節で議論しているし，ダイバージェンスに基づいた場合に関しては第 10 章で議論している．

再下降型の場合などでは，潜在バイアス $\theta(g) - \theta^*$ をほぼ 0 と考えてよい場合もある．そのような場合は，後に導出する漸近正規性に基づいて，信頼区間などを作っても，ほとんど問題はない．しかし，再下降型でない場合などは，潜在バイアスが内在しているので，推定量の極限は真値 θ^* から $\theta(g) - \theta^*$ だけずれているので，潜在バイアス $\theta(g) - \theta^*$ の程度に，注意が必要である．

結果的に，そういう場合は，漸近正規性で作った信頼区間などは，$\theta(g)$ の信頼区間になっていて，ターゲットパラメータ θ^* の信頼区間になっていない可能性も頭に入れておくべきである．

9.3.2 漸近正規性

M 推定量の推定方程式を用意する：

$$\sum_{i=1}^{n} \psi(X_i; \boldsymbol{\theta}) = 0.$$

適当な M 推定量 $\hat{\boldsymbol{\theta}}$ はある値 $\boldsymbol{\theta}^{\dagger}$ に収束すると仮定しよう：

$$\hat{\boldsymbol{\theta}} \xrightarrow{P} \boldsymbol{\theta}^{\dagger}.$$

この値は M 推定方程式の母集団レベルの方程式の適当な解とする：

$$E_g \left[\psi(X; \boldsymbol{\theta}^{\dagger}) \right] = 0.$$

なぜなら，大数の法則から，次が想定できるからである：

$$0 = \frac{1}{n} \sum_{i=1}^{n} \psi(X_i; \hat{\boldsymbol{\theta}}) \xrightarrow{P} E_g \left[\psi(X; \boldsymbol{\theta}^{\dagger}) \right].$$

ここで一つ注意をしておく．一致性の議論をしたときは，話を簡単にするために，$g(x) = f(x; \theta^*)$ の場合から話を始めた．それは，そこから議論を始めたほうが，漸近理論に慣れていない読者には理解がしやすいと考えたからでもある．しかし，漸近理論に関して，読者もそろそろ少しは慣れてきただろうと思うのと，実は，データ発生分布 $g(x)$ は一般の分布としたほうが本質が見えやすいので，ここからは，その設定で話を進めることにする．

結果を先に書くと，次になる：

$$\sqrt{n} \left(\hat{\boldsymbol{\theta}} - \boldsymbol{\theta}^{\dagger} \right) \xrightarrow{d} N \left(\boldsymbol{0}, H(\boldsymbol{\theta}^{\dagger}) \right).$$

ただし，

$$H(\boldsymbol{\theta}) = \{J(\boldsymbol{\theta})\}^{-1} K(\boldsymbol{\theta}) \{J(\boldsymbol{\theta})^T\}^{-1},$$
$$J(\boldsymbol{\theta}) = E_g \left[\frac{\partial \psi}{\partial \boldsymbol{\theta}^T}(X; \boldsymbol{\theta}) \right],$$
$$K(\boldsymbol{\theta}) = E_g \left[\psi(X; \boldsymbol{\theta}) \psi(X; \boldsymbol{\theta})^T \right],$$

である．核関数に尺度パラメータ σ の推定量 $\hat{\sigma}$ が導入されているときは，詳細は省略するけれども，通常は，推定量 $\hat{\sigma}$ の部分を σ と変えるだけでよい．

信頼区間を作ったり検定を行うときには，分散行列の推定量が必要となる．それぞれの推定量としては，大数の法則から，次が考えられる：

$$\hat{H} = \left\{\hat{J}\right\}^{-1} \hat{K} \left\{\hat{J}^T\right\}^{-1},$$

$$\hat{J} = \frac{1}{n}\sum_{i=1}^{n} \frac{\partial \psi}{\partial \boldsymbol{\theta}^T}(x_i; \hat{\boldsymbol{\theta}}),$$

$$\hat{K} = \frac{1}{n}\sum_{i=1}^{n} \psi(x_i; \hat{\boldsymbol{\theta}})\psi(x_i; \hat{\boldsymbol{\theta}})^T.$$

核関数に尺度パラメータ σ の推定量 $\hat{\sigma}$ が導入されていたときは，詳細は省略するけれども，通常は，推定量 $\hat{\sigma}$ をそのまま使えばよい．

最後に証明の概略を行っておこう．簡単のためにパラメータはスカラーで θ であるとする．基本的な道筋は最尤推定量のときと同様である．M 推定方程式にテイラー展開を施してみよう：

$$0 = \sum_{i=1}^{n} \psi(X_i; \hat{\theta})$$
$$\approx \sum_{i=1}^{n} \psi(X_i; \theta^\dagger) + \sum_{i=1}^{n} \frac{d\psi}{d\theta}(X_i; \theta^\dagger)\left(\hat{\theta} - \theta^\dagger\right).$$

さらに変形する：

$$\sqrt{n}\left(\hat{\theta} - \theta^\dagger\right) \approx \left\{-\frac{1}{n}\sum_{i=1}^{n} \frac{d\psi}{d\theta}(X_i; \theta^\dagger)\right\}^{-1} \sqrt{n}\frac{1}{n}\sum_{i=1}^{n} \psi(X_i; \theta^\dagger).$$

大数の法則から，次が得られる：

$$-\frac{1}{n}\sum_{i=1}^{n} \frac{d\psi}{d\theta}(X_i; \theta^\dagger) \xrightarrow{P} E_g\left[-\frac{d\psi}{d\theta}(X_i; \theta^\dagger)\right] = -J(\theta).$$

さらに，後で，中心極限定理から，次を得る：

$$\sqrt{n}\frac{1}{n}\sum_{i=1}^{n} \psi(X_i; \theta^\dagger) \xrightarrow{d} N\left(0, K(\theta^\dagger)\right). \tag{9.2}$$

結果的に，次を想像する：

$$\sqrt{n}\left(\hat{\theta} - \theta^\dagger\right) \xrightarrow{d} -J(\theta^\dagger)^{-1} \times N\left(0, K(\theta^\dagger)\right) \stackrel{d}{=} N\left(0, K(\theta^\dagger)J(\theta^\dagger)^{-2}\right).$$

さて，漸近的性質 (9.2) を証明しておこう．まずは中心極限定理を書き直しておく：

$$\sqrt{n}\left(\frac{1}{n}\sum_{i=1}^{n}Y_i - E[Y]\right) \xrightarrow{d} N(0, \mathrm{Var}[Y]).$$

いま $Y_i = \psi(X_i; \theta^\dagger)$ とおく．収束値 $\theta^\dagger$ の定義から次が成り立つ：

$$E[Y] = 0, \qquad \mathrm{Var}[Y] = K(\theta^\dagger).$$

結果的に次が得られる：

$$\sqrt{n}\frac{1}{n}\sum_{i=1}^{n}\psi(X_i; \theta^\dagger) \xrightarrow{d} N\left(0, K(\theta^\dagger)\right).$$

9.3.3 漸近分散の比較

適当な仮定の下では，最尤推定量は漸近分散が最小であることが知られている．それを M 推定量の場合に考えておこう．データ発生分布に関しては $g(x) = f(x; \theta^*)$ を仮定する．このとき次が成り立つ：

$$\text{M 推定量の漸近分散} = K(\theta^*)J(\theta^*)^{-2}$$
$$\geq I(\theta^*)^{-1} = \text{最尤推定量の漸近分散}.$$

推定方程式の不偏性から，次が成り立つ：

$$0 = E_{f_\theta}[\psi(X; \theta)] = \int \psi(x; \theta) f(x; \theta) dx.$$

両辺を θ で微分する：

$$0 = \int \frac{d\psi}{d\theta}(x; \theta) f(x; \theta) dx + \int \psi(x; \theta) \frac{df}{d\theta}(x; \theta) dx$$
$$= \int \frac{d\psi}{d\theta}(x; \theta) f(x; \theta) dx + \int \psi(x; \theta) \frac{dl}{d\theta}(x; \theta) f(x; \theta) dx.$$

次の式変形が得られる：

$$J(\theta^*)^2 = \left\{E_{f_{\theta^*}}\left[\frac{d\psi}{d\theta}(X; \theta^*)\right]\right\}^2$$
$$= \left\{\int f(x; \theta^*) \frac{d\psi}{d\theta}(x; \theta^*) dx\right\}^2$$
$$= \left\{\int \psi(x; \theta^*) \frac{dl}{d\theta}(x; \theta^*) f(x; \theta^*) dx\right\}^2$$

$$\leq \int \psi(x;\theta^*)^2 f(x;\theta^*)dx \int \left\{\frac{dl}{d\theta}(x;\theta^*)\right\}^2 f(x;\theta^*)dx$$
$$= K(\theta^*)I(\theta^*).$$

不等式はコーシー-シュワルツの不等式を利用している．これで証明は終わる．

9.4 M推定量の漸近的性質：回帰モデルの場合

本節では9.2.4項と同様の設定で話を進める．母集団の確率変数を $(Y, \boldsymbol{X}^T)^T$ とする．無作為標本を $(Y_1, \boldsymbol{X}_1^T)^T, \ldots, (Y_n, \boldsymbol{X}_n^T)^T$ とする．母集団の密度関数を $g(\boldsymbol{x}, y) = g_{y|\boldsymbol{x}}(y|\boldsymbol{x})g_{\boldsymbol{x}}(\boldsymbol{x})$ で表す．回帰モデルに関わる条件付き密度関数 $g_{y|\boldsymbol{x}}(y|\boldsymbol{x})$ をパラメトリック条件付き分布 $f_{y|\boldsymbol{x}}(y|\boldsymbol{x};\boldsymbol{\theta})$ で推し量る．簡単のために，パラメータの真値 $\boldsymbol{\theta}^*$ が存在して $g_{y|\boldsymbol{x}}(y|\boldsymbol{x}) = f_{y|\boldsymbol{x}}(y|\boldsymbol{x};\boldsymbol{\theta}^*)$ であるとする．

9.4.1 一致性

本節では，単純な独立同一標本の場合と同様に，一致性がどのように得られるかを，いくつかの場合に分けて説明する．

9.4.1.1 線形回帰パラメータの場合

線形回帰モデルを $Y = \boldsymbol{\beta}^T \boldsymbol{X} + e$ とする．誤差項 e の密度関数を $h(e)$ とする．このとき，パラメトリック条件付き密度関数は，次のように表現できる：

$$f_{y|\boldsymbol{x}}(y|\boldsymbol{x};\boldsymbol{\beta}) = h\left(y - \boldsymbol{\beta}^T \boldsymbol{x}\right).$$

回帰パラメータ $\boldsymbol{\beta}$ の M 推定でロス関数を使う場合を考える：

$$\hat{\boldsymbol{\beta}} = \arg\min_{\boldsymbol{\beta}} \sum_{i=1}^{n} \rho(Y_i - \boldsymbol{\beta}^T \boldsymbol{X}_i).$$

副項9.3.1.1の場合と同様の仮定をおく．ロス関数 $\rho(e)$ は同じ性質を満たす．誤差項 e の密度関数 $h(e)$ は左右対称で単峰で正であるとする（これは平均が0になったことを除けば以前と同じ仮定である）．$g_{\boldsymbol{x}}(\boldsymbol{x}) > 0$ であるとする．このとき次の命題が証明できる：

$\lambda(\boldsymbol{\beta}) = E_g[\rho(Y - \boldsymbol{\beta}^T \boldsymbol{X})]$ は $\boldsymbol{\beta} = \boldsymbol{\beta}^*$ のときに最小となる．

結果として，ロス関数に基づいたM推定量の一致性が，以下のように想像できる：

$$\hat{\boldsymbol{\beta}} = \arg\min_{\boldsymbol{\beta}} \frac{1}{n} \sum_{i=1}^{n} \rho(Y_i - \boldsymbol{\beta}^T \boldsymbol{X}_i)$$

$$\xrightarrow{P} \arg\min_{\boldsymbol{\beta}} E_g[\rho(Y - \boldsymbol{\beta}^T \boldsymbol{X})] = \boldsymbol{\beta}^*$$

ただし，独立同一標本の場合と同様に，データに外れ値が含まれている場合，データ発生分布とターゲット分布には乖離がある．そのため，上記の一致性は，そのまま鵜呑みにはできない．また，M推定量では，標準偏差の推定量 $\hat{\sigma}$ を，ロス関数 ρ の中に入れ込むことがある．そのような推定量を入れた場合の一致性は同様に想像できる．

最後に，上記の命題を，証明しておくことにしよう．簡単のために $\boldsymbol{\beta}^* = \boldsymbol{0}$ として，$\lambda(\boldsymbol{\beta})$ が $\boldsymbol{\beta} = \boldsymbol{0}$ のときに最小になることを証明する．

$$\begin{aligned}
&\lambda(\boldsymbol{\beta}) - \lambda(\boldsymbol{0}) \\
&= E[\rho(Y - \boldsymbol{\beta}^T \boldsymbol{X})] - E[\rho(Y)] \\
&= \int\int \{\rho(y - \boldsymbol{\beta}^T \boldsymbol{x}) - \rho(y)\} g_{y|\boldsymbol{x}}(y|\boldsymbol{x}) g_{\boldsymbol{x}}(\boldsymbol{x}) dy d\boldsymbol{x} \\
&= \int_{\boldsymbol{\beta}^T \boldsymbol{x} > 0} \int \{\rho(y - \boldsymbol{\beta}^T \boldsymbol{x}) - \rho(y)\} h(y) dy g_{\boldsymbol{x}}(\boldsymbol{x}) d\boldsymbol{x} \\
&\quad + \int_{\boldsymbol{\beta}^T \boldsymbol{x} < 0} \int \{\rho(y - \boldsymbol{\beta}^T \boldsymbol{x}) - \rho(y)\} h(y) dy g_{\boldsymbol{x}}(\boldsymbol{x}) d\boldsymbol{x} \\
&> 0.
\end{aligned}$$

三番目の等式では $g_{y|\boldsymbol{x}}(y|\boldsymbol{x}) = f_{y|\boldsymbol{x}}(y|\boldsymbol{x};\boldsymbol{\theta}^*) = h(y - \boldsymbol{0}^T \boldsymbol{x}) = h(y)$ を利用している．最後の不等式は，副項9.3.1.1の結果を利用している．

9.4.1.2　一般の場合と一致性に関する注意点

一般の場合は，独立同一標本のときでさえ難しいので，回帰の場合は，より難しい．そのため，これ以上は，触れないことにする．ただし，第10章で紹介するようなダイバージェンスに基づいて，パラメータの推定量が作られる場合は，平均パラメータの場合のように，少しは簡単に考えることができる．その場合は，第10章で議論される．

一致性に関する注意点は，潜在バイアスに関わることであり，独立同一標本のときに触れられたことと同様である．

9.4.2 漸近正規性

9.4.2.1 線形回帰パラメータの場合

線形回帰モデルにおける M 推定を考える．このときの M 推定方程式は，4.4.1 項にあるように，次の形であった：

$$\sum_{i=1}^{n} \psi(Y_i - \boldsymbol{\beta}^T \boldsymbol{X}_i) \boldsymbol{X}_i = 0.$$

ここで，核関数は，次のように表現し直すことができる：

$$\psi(Y_i - \boldsymbol{\beta}^T \boldsymbol{X}_i) \boldsymbol{X}_i = \xi(\boldsymbol{Z}_i; \boldsymbol{\beta}), \qquad \boldsymbol{Z}_i = (Y_i, \boldsymbol{X}_i^T)^T.$$

こう表現すれば，9.3.2 項で得られた M 推定量の一般的な漸近正規性がそのまま使える．M 推定量の収束先を $\boldsymbol{\beta}^\dagger$ とする．結果として得られる漸近分散は次となる：

$$\sqrt{n}\left(\hat{\boldsymbol{\beta}} - \boldsymbol{\beta}^\dagger\right) \xrightarrow{d} N\left(\boldsymbol{0}, H(\boldsymbol{\beta}^\dagger)\right).$$

ただし，

$$H(\boldsymbol{\beta}) = \{J(\boldsymbol{\beta})\}^{-1} K(\boldsymbol{\beta}) \{J(\boldsymbol{\beta})^T\}^{-1},$$
$$J(\boldsymbol{\beta}) = E_g\left[\psi'(Y - \boldsymbol{\beta}^T \boldsymbol{X}) \boldsymbol{X} \boldsymbol{X}^T\right],$$
$$K(\boldsymbol{\beta}) = E_g\left[\psi(Y - \boldsymbol{\beta}^T \boldsymbol{X})^2 \boldsymbol{X} \boldsymbol{X}^T\right],$$

である．これらは次のように推定できる：

$$\hat{H} = \left\{\hat{J}\right\}^{-1} \hat{K} \left\{\hat{J}^T\right\}^{-1},$$
$$\hat{J} = \frac{1}{n} \sum_{i=1}^{n} \psi'(Y_i - \hat{\boldsymbol{\beta}}^T \boldsymbol{X}_i) \boldsymbol{X}_i \boldsymbol{X}_i^T,$$
$$\hat{K} = \frac{1}{n} \sum_{i=1}^{n} \psi(Y_i - \hat{\boldsymbol{\beta}}^T \boldsymbol{X}_i)^2 \boldsymbol{X}_i \boldsymbol{X}_i^T.$$

核関数に尺度パラメータ σ の推定量 $\hat{\sigma}$ が導入されているときは，詳細は省略するけれども，通常は，推定量 $\hat{\sigma}$ の部分を σ と変えるだけでよい．

9.4.2.2 そのほかの場合

第 10 章に現れるべき密度ダイバージェンスの場合は，詳細は省略するが，

パラメータ $\boldsymbol{\theta}$ の推定方程式は，次のように M 推定方程式として書ける：

$$\sum_{i=1}^n \boldsymbol{\psi}(Y_i, \boldsymbol{X}_i; \hat{\boldsymbol{\theta}}) = 0.$$

これは，$\boldsymbol{Z}_i = (Y_i, \boldsymbol{X}_i^T)^T$ とおけば，9.3.2 項と同じ形をしている．そのため，全く同じように，漸近正規性を得ることができる．

しかし，第 10 章に現れるガンマ・ダイバージェンスの場合は，独立同一標本の場合は M 推定方程式なのに，回帰モデルの場合は M 推定方程式として書けないので，話はややこしくなる．とはいえ，詳細は省略するが，同様の考え方を進めると，やはり，漸近正規性を得ることができる．

9.4.3　説明変数にも外れ値が入っている場合

線形回帰モデルにおいては，4.7 節にあるように，次のような M 推定方程式を考えることで，説明変数の外れ値に対応することができる：

$$\sum_{i=1}^n \psi(Y_i - \boldsymbol{\beta}^T \boldsymbol{X}_i) \boldsymbol{X}_i \eta(\boldsymbol{X}_i) = 0.$$

ここで関数 η が説明変数に関わる外れ値の関与を弱める項である．この関数 η に適当な仮定をおく．その場合，一致性も漸近正規性も，同様に考えられる．漸近分散に関わる項は少し変わるので，その結果を追加しておく：

$$H(\boldsymbol{\beta}) = \{J(\boldsymbol{\beta})\}^{-1} K(\boldsymbol{\beta}) \{J(\boldsymbol{\beta})^T\}^{-1},$$
$$J(\boldsymbol{\beta}) = E_g \left[\psi'(Y - \boldsymbol{\beta}^T \boldsymbol{X}) \eta(\boldsymbol{X}) \boldsymbol{X} \boldsymbol{X}^T \right],$$
$$K(\boldsymbol{\beta}) = E_g \left[\psi(Y - \boldsymbol{\beta}^T \boldsymbol{X})^2 \eta(\boldsymbol{X})^2 \boldsymbol{X} \boldsymbol{X}^T \right].$$

10 ダイバージェンスに基づいた ロバスト推定

　ロバスト推定は，M 推定方程式に基づいて行われることが多い．その後にロス関数が考えられたりする．第 3 章はその流れであった．本章では，最初から，ロス関数に関連したダイバージェンスに基づいて，ロバスト推定を考える．推定方程式は必ずしも必要ない．ダイバージェンスに基づいて考えることで，距離のように捉えられて理解がしやすく，きれいなピタゴリアン関係が見えてロバスト推定の自然さが感じられたり，外れ値の割合を自然に推定する方法などを考えることができる．

　本章は，研究レベルに絡むような話である．そのようなレベルに興味がない読者は本章を飛ばしてもよいであろう．ただし，重み付き法の良さは，本章を読むことで，より詳しく理解できる．

　本章では，記号の簡略化のために，変数やパラメータは，スカラーで x と θ などで表記しているが，実際はベクトルとして扱っている．スカラー表記とベクトル表記に実質的な差がないということも，ある種の自然さを醸し出している．

10.1 ダイバージェンスと相互エントロピー

10.1.1 基本

　二つの関数 $g(x)$ と $f(x)$ を用意する．$D(g, f)$ は次の性質を満たすとき，ダイバージェンス (divergence) と呼ばれる：

(i) $D(g, f) \geq 0$,
(ii) $D(g, f) = 0 \iff g(x) = f(x)$ (a.e.)[17].

これは，$g(x)$ と $f(x)$ の間の距離みたいなものである．ダイバージェンス

> ダイバージェンス
>
> [17] 9.2.2 項でも書いたが，a.e. は気にしなくてよい．以降は書かないことにする．

$D(g,f)$ が小さければ，g と f は近いと考えるのである．特に，次の L_2-ダイバージェンスは，単純で有名である：

$$D_{L_2}(g,f) = \frac{1}{2}\int \{g(x) - f(x)\}^2 dx.$$

これは，性質 (i)(ii) を満たすことは，すぐに見えるであろう．その他にも，二つの非負値関数 $g(x)$ と $f(x)$ に関しては，次なども考えることができる[18]：

$$D(g,f) = \frac{1}{2}\int \left\{\sqrt{g(x)} - \sqrt{f(x)}\right\}^2 dx.$$

$$D(g,f) = \frac{1}{2}\int \frac{\{g(x) - f(x)\}^2}{g(x)} dx.$$

[18) 後者は分母が 0 のときはどうするのかという話はあるが，本章では，そういう細かいことは気にしないで，イメージを優先する．

また，二つの密度関数 $g(x)$ と $f(x)$ に対しては，すでに KL ダイバージェンスを例として挙げている：

$$D_{\mathrm{KL}}(g,f) = E_g\left[\log\frac{g(X)}{f(X)}\right] = E_g[\log g(X)] - E_g[\log f(X)]$$
$$= \int g(x)\log\frac{g(x)}{f(x)}dx = \int g(x)\log g(x)dx - \int g(x)\log f(x)dx.$$

なお，密度関数に制限せずに，二つの非負値関数 $g(x)$ と $f(x)$ に対して，拡張型の KL ダイバージェンスもある：

$$D_{\mathrm{eKL}}(g,f) = \int g(x)\log g(x)dx - \int g(x)\log f(x)dx$$
$$- \int g(x)dx + \int f(x)dx.$$

ここで，KL ダイバージェンスが，ダイバージェンスの性質 (i)(ii) を満たすことを，拡張型のときに確認しておこう．対数関数に関して，次の不等式が成り立つことは，簡単に確認できる：

$$-\log u \geq 1 - u \qquad (u > 0).$$

ただし等号が成り立つのは $u = 1$ のときだけである．これを利用して以下の変形をする：

$$D_{\mathrm{eKL}}(g,f) = -\int g(x)\log\frac{f(x)}{g(x)}dx - \int g(x)dx + \int f(x)dx$$
$$\geq \int g(x)\left\{1 - \frac{f(x)}{g(x)}\right\}dx - \int g(x)dx + \int f(x)dx$$
$$= 0.$$

等号条件は $f(x)/g(x) = 1$ のときである．

次に，ダイバージェンスの基にもなる，相互エントロピーを用意する．$d(g, f)$ は次の性質を満たすとき**相互エントロピー** (cross entropy) と呼ばれる： 相互エントロピー

(i) $d(g, f) \geq d(g, g)$,
(ii) $d(g, f) = d(g, g) \Leftrightarrow g(x) = f(x)$.

そのため，相互エントロピーを使って，ダイバージェンスは，次のように作ることもできる：

$$D(g, f) = d(g, f) - d(g, g).$$

この $D(g, f)$ はもちろんダイバージェンスの基本性質 (i)(ii) を満たす．他の作り方ももちろんあるわけだが，本章では，この作り方を基本とする．KL ダイバージェンスや L_2-ダイバージェンスに対応する相互エントロピーは次である：

$$d_{\mathrm{KL}}(g, f) = -E_g[\log f(X)] = -\int g(x) \log f(x) dx.$$
$$d_{L_2}(g, f) = -\int g(x) f(x) dx + \frac{1}{2}\int f(x)^2 dx.$$

KL 相互エントロピー $d_{\mathrm{KL}}(g, f)$ は最尤推定で使われたものである．特に，$d_{\mathrm{KL}}(g, g) = -E_g[\log g(x)]$ は，**エントロピー** (entropy) とも呼ばれる． エントロピー

10.1.2　ダイバージェンスに基づいた推定

最尤推定量をあらためて復習しよう．密度関数 $g(x)$ を真の分布と思い，それを近似するパラメトリック分布を $f(x; \theta) = f_\theta(x)$ とおく．KL ダイバージェンス $D(g, f_\theta)$ を最小にする θ は良い値であろう：

$$\begin{aligned}
\theta^* &= \arg\min_\theta D_{\mathrm{KL}}(g, f_\theta) \\
&= \arg\min_\theta \{d_{\mathrm{KL}}(g, f_\theta) - d_{\mathrm{KL}}(g, g)\} \\
&= \arg\min_\theta d_{\mathrm{KL}}(g, f_\theta).
\end{aligned}$$

実際には真の分布 $g(x)$ を知らないので θ^* の値も分からない．しかし，KL ダイバージェンスの場合は，大数の法則を利用した経験推定に基づいて，パラメータの最尤推定量を，次のように考えることができた：

$$\theta^* = \arg\min_\theta d_{\mathrm{KL}}(g, f_\theta) = \arg\min_\theta -E_g[\log f(X; \theta)]$$

$$\approx \arg\min_\theta -\frac{1}{n}\sum_{i=1}^n \log f(X_i;\theta) = \hat{\theta}_{\mathrm{MLE}}.$$

ここで，$X_1,\ldots,X_n$ は真の分布 $g(x)$ からの無作為標本である．

同じことを L_2-ダイバージェンスに対して考えてみよう：

$$\begin{aligned}
\theta^* &= \arg\min_\theta D_{L_2}(g,f_\theta) = \arg\min_\theta d_{L_2}(g,f_\theta) \\
&= \arg\min_\theta \left\{ -\int g(x)f(x;\theta)dx + \frac{1}{2}\int f(x;\theta)^2 dx \right\} \\
&\approx \arg\min_\theta \left\{ -\frac{1}{n}\sum_{i=1}^n f(X_i;\theta) + \frac{1}{2}\int f(x;\theta)^2 dx \right\} = \hat{\theta}.
\end{aligned}$$

このようにして推定量 $\hat{\theta}$ を考えることができる．この推定量は古くから外れ値に強いと考えられている推定量である．その理由は後のほうで触れる．

次に他の場合を考えよう：

$$\begin{aligned}
\theta^* &= \arg\min_\theta \frac{1}{2}\int\left\{\sqrt{g(x)}-\sqrt{f(x;\theta)}\right\}^2 dx \\
&= \arg\min_\theta \left\{ 1 - \int \sqrt{g(x)}\sqrt{f(x;\theta)} dx \right\}.
\end{aligned}$$

この場合は最後の部分が $E_g[h(X)]$ の形で書けないので，経験推定に基づく近似ができない．そこで，真の分布 $g(x)$ の適当な密度推定量 $\hat{g}(x)$ を使って，次のようにして推定量を作ることが一般的である：

$$\hat{\theta} = \arg\min_\theta \left\{ 1 - \int \sqrt{\hat{g}(x)}\sqrt{f(x;\theta)} dx \right\}.$$

本章では，こちらのタイプは考えない[19]．

19) 密度推定はしばしば難しい．

10.1.3 拡張

本章では，少しだけ性質の違う相互エントロピー $d(g,f)$ が登場する．この相互エントロピーは非負値関数の上で定義されている．二つの非負値関数 $g(x)$ と $f(x)$ に対して次が成り立つ：

(i) $d(g,f) \geq d(g,g)$.
(ii) $d(g,f) = d(g,g) \Leftrightarrow g(x) = f(x)$ （g と f が密度関数のとき）．

性質 (ii) は「g と f が密度関数のとき」だけ成り立てばよいことになってい

る．その結果として，厳密には，相互エントロピーの基本性質は満たしていない．対応する $D(g, f) = d(g, f) - d(g, g)$ もダイバージェンスの基本性質を満たしていない．ただし，非負値関数 $g(x)$ と $f(x)$ を，最初から密度関数であると制限しておけば，通常の相互エントロピーとダイバージェンスである．そういう理由から，厳密には，相互エントロピーやダイバージェンスではないのだが，本章では，簡単のために，上述の性質を満たす $d(g, f)$ も相互エントロピーと呼び，対応する $D(g, f) = d(g, f) - d(g, g)$ もダイバージェンスと呼ぶことにする．

上述の拡張された性質は，外れ値の割合が大きい場合のロバスト推定に，非常に役に立つ．それについては後述する．

10.2 ベキ密度ダイバージェンス

Basu *et al.* (1998) は，非負値関数 $g(x)$ と $f(x)$ に対して，次のダイバージェンスを提案した：

$$D_\beta(g, f) = \frac{1}{\beta(1+\beta)} \int g(x)^{1+\beta} dx \qquad (10.1)$$
$$- \frac{1}{\beta} \int g(x) f(x)^\beta dx + \frac{1}{1+\beta} \int f(x)^{1+\beta} dx.$$

ただし $\beta > 0$ とする．このダイバージェンスは，**density power divergence** と名づけられた．本書では**ベキ密度ダイバージェンス**という用語を使うことにする[20]．（$\beta = 1$ のときは，L_2-ダイバージェンスである）．このダイバージェンスは，次のダイバージェンスの基本性質を満たす：

(i) $D(g, f) \geq D(g, g)$,
(ii) $D(g, f) = 0 \iff g(x) = f(x)$.

極限を考えると，拡張された KL ダイバージェンスになる：

$$\lim_{\beta \to 0} D_\beta(g, f) = D_{\mathrm{eKL}}(g, f).$$

これは，$\beta \to 0$ のとき，

$$h(x)^\beta = 1 + \beta \log h(x) + O(\beta^2)$$

という近似が成り立つので，この近似を利用すると，すぐに証明できる．

density power divergence
ベキ密度ダイバージェンス
[20] この日本語訳がよいかどうか，自信はない．

ここでダイバージェンスの基本性質を確認しておこう．関数 $h(u) = u^{1+\beta}\,(u \geq 0)$ は凸関数なので，次の不等式が成り立つ：

$$
\begin{aligned}
0 &\leq h(u) - h(v) - h'(v)(u-v) \\
&= u^{1+\beta} - v^{1+\beta} - (1+\beta)uv^{\beta} + (1+\beta)v^{1+\beta} \\
&= u^{1+\beta} - (1+\beta)uv^{\beta} + \beta v^{1+\beta}.
\end{aligned}
$$

関数 $h(u)$ は $u > 0$ で狭義の凸関数なので，等号が成り立つのは $u = v$ のときである．ここで，$u = g(x)$ で $v = f(x)$ とおけば，以下のようにしてダイバージェンスの基本性質を確認できる：

$$
\begin{aligned}
D_{\beta}(g,f) &= \frac{1}{\beta(1+\beta)} \int \{g(x)^{1+\beta} - (1+\beta)g(x)f(x)^{\beta} + \beta f(x)^{1+\beta}\} dx \\
&= \frac{1}{\beta(1+\beta)} \int [h(g(x)) - h(f(x)) - h'(f(x))\{g(x) - f(x)\}] dx \\
&\geq 0.
\end{aligned}
$$

ブレッグマン・ダイバージェンス

等号が成り立つのは $g(x) = f(x)$ のときである．このように，凸関数を利用したダイバージェンスは，一般的には，ブレッグマン・ダイバージェンス (Bregman divergence) と呼ばれる．

ところで，対応する相互エントロピーは，次のように表現できる：

$$
d_{\beta}(g,f) = -\frac{1}{\beta} \int g(x)f(x)^{\beta} dx + \frac{1}{1+\beta} \int f(x)^{1+\beta} dx.
$$

この相互エントロピーは，次で経験推定可能である：

$$
d_{\beta}(\bar{g}, f_{\theta}) = -\frac{1}{\beta}\frac{1}{n}\sum_{i=1}^{n} f(x_i;\theta)^{\beta} + \frac{1}{1+\beta}\int f(x;\theta)^{1+\beta} dx.
$$

ここで $\bar{g}$ は経験密度関数である[21]．結果的にパラメータの推定量を簡単に提案できる：

$$
\hat{\theta} = \arg\min_{\theta} d_{\beta}(\bar{g}, f_{\theta}).
$$

ここで，相互エントロピーから天下り的に推定量を提案するのではなく，ロバストな推定量を作り出すために推定方程式を構築し，それに対応する相互エントロピーを作る，という流れで話を進めてみよう．これは第 3 章の流れである．まずはスコア関数を用意する：

---

[21] $\bar{g}$ の記号の使い方はかなりいい加減である．本当は経験分布関数で議論すべきなのだが，本書では，イメージを優先する．

$$s(x;\theta) = \frac{\partial}{\partial \theta} \log f(x;\theta).$$

最尤推定量の推定方程式は次になる：

$$\frac{1}{n}\sum_{i=1}^{n} s(x_i;\theta) = 0.$$

この解として得られる推定量は，外れ値に悪影響を受けやすいことが知られている．いま，真の分布を $f_*(x)$ としたとき，

「外れ値 x_o は尤度値 $f_*(x_o)$ を小さくする」

という性質に着目する．スコア関数 $s(x;\theta)$ の前に尤度のベキ乗 $f_*(x)^\beta$ をかけた $f_*(x)^\beta s(x;\theta)$ に基づいて，推定方程式を考えることにしよう．なぜなら，外れ値 x_o が存在すると，尤度のベキ乗 $f_*(x_o)^\beta$ が小さくなり，外れ値に対応する項である $f_*(x_o)^\beta s(x_o;\theta)$ の影響が小さくなると考えられるからである．ただし，実際には $f_*(x)$ は未知なので，パラメトリック分布 $f(x;\theta)$ で代用することにしよう．そして，推定方程式を，

$$\frac{1}{n}\sum_{i=1}^{n} s(x_i;\theta) = 0 \quad \to \quad \frac{1}{n}\sum_{i=1}^{n} f(x_i;\theta)^\beta s(x_i;\theta) = 0$$

と書き換えるだけで十分な気がする．しかし実は不十分である．なぜなら，推定方程式の不偏性（3.8 節参照）が成り立っていないからである．推定方程式の不偏性を保つように，推定方程式の核関数として，

$$\psi(x;\theta) = f(x;\theta)^\beta s(x;\theta) - E_{f_\theta}[f(x;\theta)^\beta s(x;\theta)]$$

を利用して，次の推定方程式を考える：

$$\begin{aligned} 0 &= \frac{1}{n}\sum_{i=1}^{n} \psi(x;\theta) \\ &= \frac{1}{n}\sum_{i=1}^{n} f(x_i;\theta)^\beta s(x_i;\theta) - \int f(x;\theta)^{1+\beta} s(x;\theta) dx. \end{aligned}$$

データ発生分布が $g(x)$ であるとする．大数の法則から推定方程式の極限 $(n \to \infty)$ は次になる：

$$0 = \int g(x) f(x;\theta)^\beta s(x;\theta) dx - \int f(x;\theta)^{1+\beta} s(x;\theta) dx. \tag{10.2}$$

この方程式の解 θ^* は次の相互エントロピーを最小にすると考えることができる：

$$d(g, f_\theta) = -\frac{1}{\beta} \int g(x) f(x;\theta)^\beta dx + \frac{1}{1+\beta} \int f(x;\theta)^{1+\beta} dx \quad (10.3)$$

（符号を逆にして以前の話と合わせている）．なぜなら，

$$\frac{\partial}{\partial \theta} f(x;\theta)^\alpha = \alpha f(x;\theta)^\alpha s(x;\theta)$$

なので，$(\partial/\partial\theta)d(g, f_\theta) = 0$ は推定方程式の極限 (10.2) に対応しているからである．ここで得られた相互エントロピー (10.3) は，ベキ密度相互エントロピー $d_\beta(g, f_\theta)$ になっている．そのため，ベキ密度相互エントロピーに基づいて作られた推定量は外れ値に強いと考えられる[22]．

なお，同じダイバージェンスは，Eguchi and Kano (2001) によっても提案され，β-ダイバージェンスと名づけられ，機械学習の分野で利用されている．

[22] この考え方は，外れ値の割合が大きいときには不十分である．その問題を克服するためにガンマ・ダイバージェンスが登場する．

10.3　ガンマ・ダイバージェンス

Fujisawa and Eguchi (2008) は，二つの正値関数 $g(x)$ と $f(x)$ に対して，次のダイバージェンスを提案した：

$$D_\gamma(g, f) = \frac{1}{\gamma(1+\gamma)} \log \int g(x)^{1+\gamma} dx \quad (10.4)$$
$$-\frac{1}{\gamma} \log \int g(x) f(x)^\gamma dx + \frac{1}{1+\gamma} \log \int f(x)^{1+\gamma} dx.$$

ガンマ・ダイバージェンス

ただし $\gamma > 0$ とする．これを **ガンマ・ダイバージェンス** (γ-divergence) と名づけた．このダイバージェンスは，次の性質を満たす：

(i)　$D(g, f) \geq D(g, g)$,

(ii)　$D(g, f) = 0 \Leftrightarrow g(x) = cf(x)$.

ここで c は正の定数である．この時点で，ガンマ・ダイバージェンスは，通常の意味のダイバージェンスではなく，拡張された意味でのダイバージェンスであると分かる．なお，極限を考えると，ある意味の KL ダイバージェンスになる：

$$\lim_{\gamma \to 0} D_\gamma(g, f) = D_{\mathrm{KL}}(\tilde{g}, \tilde{f}) = \int \tilde{g}(x) \log \frac{\tilde{g}(x)}{\tilde{f}(x)} dx.$$

10.3 ガンマ・ダイバージェンス

ベキ密度ダイバージェンスのときと同様に証明できる．ただし，

$$\tilde{g}(x) = \frac{g(x)}{\int g(x)dx}, \qquad \tilde{f}(x) = \frac{f(x)}{\int f(x)dx},$$

である．これは等号条件において定数倍が不定であるという性質 (ii) に関係する．

ダイバージェンスの基本性質を証明しておこう．まずは，二つの正値関数 $a(x)$ と $b(x)$ と定数 p と q $(p, q \geq 1$ かつ $1/p + 1/q = 1)$ に対して，ヘルダー不等式を用意する：

$$\int a(x)b(x)dx \leq \left\{\int a(x)^p dx\right\}^{1/p} \left\{\int b(x)^q dx\right\}^{1/q}.$$

等号は $a(x)^p = cb(x)^q$ (c は適当な定数) のときに成り立つ．ここで次のように考える：

$$a(x) = g(x), \quad b(x) = f(x)^\gamma, \quad p = 1+\gamma, \quad q = (1+\gamma)/\gamma.$$

すると次の不等式が得られる：

$$\log \int g(x)f(x)^\gamma dx \leq \frac{1}{1+\gamma}\log \int g(x)^{1+\gamma}dx + \frac{\gamma}{1+\gamma}\log \int f(x)^{1+\gamma}dx.$$

この不等式から $D_\gamma(g, f) \geq 0$ となり性質 (i) は成り立つ．等号成立条件は $g(x)^{1+\gamma} = cf(x)^{1+\gamma}$ となるので，性質 (ii) も成り立つ．

ここで，ガンマ・ダイバージェンスの形 (10.4) と，ベキ密度ダイバージェンスの形 (10.1) とを，じっくり見比べてほしい．ガンマ・ダイバージェンスとベキ密度ダイバージェンスの違いは，実は，対数 (log) が入っているか入っていないかだけである．しかし，表面上には小さい違いが，後に示すような，性質の大きな違いをもたらす．特に，外れ値の割合が大きい場合にも対処するという意味では，かなり大きな違いをもたらす．そのことについては，後で詳しく触れる．以下ではまず，基本的な性質を抑えていこう．

対応する相互エントロピーは次のように表現できる：

$$d_\gamma(g, f) = -\frac{1}{\gamma}\log \int g(x)f(x)^\gamma dx + \frac{1}{1+\gamma}\log \int f(x)^{1+\gamma}dx.$$

この相互エントロピーは，次で経験推定可能である：

$$d_\gamma(\bar{g}, f_\theta) = -\frac{1}{\gamma}\log \left\{\frac{1}{n}\sum_{i=1}^n f(x_i; \theta)^\gamma\right\} + \frac{1}{1+\gamma}\log \int f(x; \theta)^{1+\gamma}dx.$$

結果的にパラメータの推定量を簡単に提案できる：

$$\hat{\theta} = \arg\min_{\theta} d_\gamma(\bar{g}, f_\theta).$$

ベキ密度ダイバージェンスのときは，この後に，ロバストな推定量を作り出すために推定方程式を構築し，それに対応する相互エントロピーを作る，という流れで話を進めた．ここで，同じように進めてもよいのだが，冗長な部分が増えるので，話を簡単にするために，相互エントロピーから推定方程式を与えて，考えを進めることにしよう．そのとき，$(\partial/\partial\theta)d_\gamma(\bar{g}, f_\theta) = 0$ から，推定方程式は以下で得られる：

$$-\frac{\sum_{i=1}^n f(x_i;\theta)^\gamma s(x_i;\theta)}{\sum_{i=1}^n f(x_i;\theta)^\gamma} + \frac{\int f(x;\theta)^{1+\gamma} s(x;\theta) dx}{\int f(x;\theta)^{1+\gamma} dx} = 0.$$

先ほどのベキ密度ダイバージェンスのときの推定方程式と比べると，分母が増えている．ここで，次のように見直してみよう：

$$-\sum_{i=1}^n w_\gamma(x_i;\theta)s(x_i;\theta) + \int W_\gamma(x;\theta)s(x;\theta)dx = 0.$$

ただし，次のようにおく：

$$w_\gamma(x;\theta) = \frac{f(x;\theta)^\gamma}{\sum_{i=1}^n f(x_i;\theta)^\gamma}, \qquad W_\gamma(x;\theta) = \frac{f(x;\theta)^{1+\gamma}}{\int f(x;\theta)^{1+\gamma}dx}.$$

これらは，それぞれ，以下の意味で重みとなっている：

$$\sum_{i=1}^n w_\gamma(x_i;\theta) = 1, \qquad \int W_\gamma(x;\theta)dx = 1.$$

そのため，正規化された推定方程式とみなすこともできる．本節では議論を進めないが，正規化された推定方程式に関しては，Fujisawa (2013) を参照されたい．

10.4 ガンマ・ダイバージェンスの様々な性質

8.4 節で現れた影響関数は，潜在バイアスという観点からは，外れ値の割合が小さいという前提で妥当性が保証されている指標である．外れ値の割合が小さいとき，潜在バイアスは影響関数と外れ値の割合の積で近似できるから

である.

ところで，外れ値の割合が小さくない場合は，潜在バイアスをどうやって議論すればよいのだろうか．もちろん，影響関数をそのまま指標として利用する考えもあるが，妥当性は失われている．潜在バイアスが破局する（無限大にいく）かどうかという意味では破局点という指標はあるが，潜在バイアスが十分に小さくなるかどうかという議論はできない．

実は，外れ値の割合が小さくない場合でも潜在バイアスが十分に小さくできる方法についての議論は，これまで十分には行われていなかった．本節ではその議論を行う．結論からいうと，ガンマ・ダイバージェンスに基づいた方法はそれを可能にし，そのような可能性をもつダイバージェンスは，ある意味では ガンマ・相互エントロピーに基づいた方法しかない，ということも証明できる．詳しくは Fujisawa and Eguchi (2008) を参照されたい．

10.4.1 不変性

まずは ガンマ・ダイバージェンスの不変性について触れておく．証明は単純な変形である．

補題 10.4.1. 二つの関数 $g(x)$ と $f(x)$ は正値関数とする．κ_1 と κ_2 を正の定数とする．ガンマ・相互エントロピー $d_\gamma(g, f)$ とガンマ・ダイバージェンス $D_\gamma(g, f)$ は以下の性質をもつ：

(i) $d_\gamma(\kappa_1 g, \kappa_2 f) = d_\gamma(g, f) - \frac{1}{\gamma} \log \kappa_1,$

(ii) $D_\gamma(\kappa_1 g, \kappa_2 f) = D_\gamma(g, f).$

証明.
$$\begin{aligned}
d_\gamma(\kappa_1 g, \kappa_2 f) &= -\frac{1}{\gamma} \log \int \kappa_1 g(x) \{\kappa_2 f(x)\}^\gamma dx + \frac{1}{1+\gamma} \log \int \{\kappa_2 f(x)\}^{1+\gamma} dx \\
&= -\frac{1}{\gamma} \log \kappa_1 - \frac{1}{\gamma} \log \int g(x) f(x)^\gamma dx + \frac{1}{1+\gamma} \log \int f(x)^{1+\gamma} dx \\
&= d_\gamma(g, f) - \frac{1}{\gamma} \log \kappa_1.
\end{aligned}$$

$$D_\gamma(\kappa_1 g, \kappa_2 f) = d_\gamma(\kappa_1 g, \kappa_1 g) - d_\gamma(\kappa_1 g, \kappa_2 f) = D_\gamma(g, f).$$

□

10.4.2 重要な仮定

データ発生分布 $g(x)$ は汚染モデル (8.3)（の密度関数版）であるとしよう：

$$g(x) = (1-\varepsilon)f(x) + \varepsilon\delta(x). \tag{10.5}$$

本節で最も重要な仮定は以下である：

$$\nu_f = \left\{\int \delta(x)f(x)^\gamma dx\right\}^{1/\gamma} \approx 0. \tag{10.6}$$

そして，影響関数という指標に妥当性を与えていた，外れ値の割合 ε が十分に小さいという仮定は，全く行わない．ここがポイントである．

最初に簡単な場合を考えよう．外れ値の分布が，ロバスト統計でよく用いられる一点分布（ディラック関数）$\delta_{x_o}(x)$ の場合は，

$$\nu_f = \left\{\int \delta_{x_o}(x)f(x)^\gamma dx\right\}^{1/\gamma} = \{f(x_o)^\gamma\}^{1/\gamma} = f(x_o)$$

となるので，$\nu_f \approx 0$ は，まさに，外れ値 x_o の生起確率 $f(x_o)$ が小さいとなる．つまり，この場合は，仮定 (10.6) は非常に妥当である．一般的には，仮定 (10.6) は，外れ値の分布 $\delta(x)$ は，ターゲット分布 $f(x)$ において生起確率が十分に小さい部分にあるという意図である．特に，$\gamma = 1$ のときは，そのイメージがつかみやすい．外れ値の分布は，ターゲット分布の裾のほうにあると考えてよいであろうから，仮定 (10.6) は通常は満たされるであろう．

10.4.3 ピタゴリアン関係

ピタゴリアン関係

23) ユークリッド距離における直角三角形に対する三平方の定理のダイバージェンス版.

KL ダイバージェンスの場合は，ある意味で，きれいな**ピタゴリアン関係**[23]が成り立つ (Amari and Nagaoka, 2007)．それは最尤推定の自然さをもたらしている．ここでは，ガンマ・ダイバージェンスに関しても，ある意味でのピタゴリアン関係が成り立つことを示しておく．

補題 10.4.2. $g(x)$ は汚染分布 (10.5) であるとする．密度関数 $h(x)$ は密度関数 $\delta(x)$ に対して仮定 (10.6) を満たすとする．($\nu_h \approx 0$.) そのとき次が成り立つ：

$$\begin{aligned}d_\gamma(g,h) &= d_\gamma((1-\varepsilon)f, h) + O(\varepsilon\nu_h^\gamma) \\ &= d_\gamma(f,h) - \frac{1}{\gamma}\log(1-\varepsilon) + O(\varepsilon\nu_h^\gamma).\end{aligned}$$

この証明は以下のように行われる．以下の式計算は，なぜ ガンマ・ダイバージェンスの式表現が有効なのかを理解する上で本質的である．

証明.

$$\begin{aligned}
d_\gamma(g,h) &= -\frac{1}{\gamma}\log\int gh^\gamma dx + \frac{1}{1+\gamma}\log\int h^{1+\gamma}dx \\
&= -\frac{1}{\gamma}\log\int\{(1-\varepsilon)f+\varepsilon\delta\}h^\gamma dx + \frac{1}{1+\gamma}\log\int h^{1+\gamma}dx \\
&= -\frac{1}{\gamma}\log\left((1-\varepsilon)\int fh^\gamma dx + \varepsilon\nu_h^\gamma\right) + \frac{1}{1+\gamma}\log\int h^{1+\gamma}dx \\
&= -\frac{1}{\gamma}\log\left((1-\varepsilon)\int fh^\gamma dx\right) + \frac{1}{1+\gamma}\log\int h^{1+\gamma}dx + O(\varepsilon\nu_h^\gamma) \\
&= d_\gamma((1-\varepsilon)f,h) + O(\varepsilon\nu_h^\gamma) \\
&= d_\gamma(f,h) - (1/\gamma)\log(1-\varepsilon) + O(\varepsilon\nu_h^\gamma).
\end{aligned}$$

最後の等式は補題 10.4.1 から成り立つ. □

この補題を利用して近似的なピタゴリアン関係を得ることができる.

定理 10.4.3. $g(x)$ は汚染分布 (10.5) であるとする. 密度関数 $f(x)$ と $h(x)$ は密度関数 $\delta(x)$ に対して仮定 (10.6) を満たすとする. ($\nu_f \approx 0.$ $\nu_h \approx 0.$) ここで $\nu = \max\{\nu_f,\nu_h\}$ とおく. このとき, ピタゴリアン関係が, 近似的に成り立つ:

$$\Delta(g,f,h) = D_\gamma(g,h) - D_\gamma(g,f) - D_\gamma(f,h) = O(\varepsilon\nu^\gamma).$$

証明.

$$\begin{aligned}
&D_\gamma(g,h) - D_\gamma(g,f) - D_\gamma(f,h) \\
&= \{d_\gamma(g,h) - d_\gamma(g,g)\} - \{d_\gamma(g,f) - d_\gamma(g,g)\} - \{d_\gamma(f,h) - d_\gamma(f,f)\} \\
&= d_\gamma(g,h) - d_\gamma(g,f) + d_\gamma(f,f) - d_\gamma(f,h) \\
&= d_\gamma((1-\varepsilon)f,h) - d_\gamma((1-\varepsilon)f,f) + d_\gamma(f,f) - d_\gamma(f,h) + O(\varepsilon\nu^\gamma) \\
&= O(\varepsilon\nu^\gamma).
\end{aligned}$$

3 番目と 4 番目の等号は補助定理 10.4.2 と 補助定理 10.4.1 から示される. □

定理 10.4.3 を近似表現したのが図 10.1 である. データ発生分布 g とターゲット分布 f は, データ発生状況で決まっているので, 固定されていることに注意しておこう. ゆえに $D_\gamma(g,f)$ は一定である. いま, 分布 h を, パラメトリック分布 f_θ であると想定して, 最適な分布 h を選ぶことを考えよう. ただし, $\nu_h \approx 0$ という仮定があるので, 外れ値の分布 δ は分布 h の裾にあると

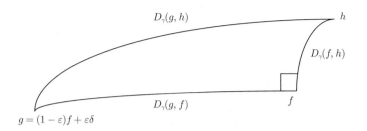

図 10.1　ピタゴリアン関係

いう制約はある．結果的に，図 10.1 から，

> 分布 h とデータ発生分布 g とのダイバージェンス $D_\gamma(g,h)$ を最小にすることは，分布 h とターゲット分布 f とのダイバージェンス $D_\gamma(f,h)$ を最小にすることに，近似的に等しい

と考えられる．ここがポイントである．$D_\gamma(g,h)$ の最小化は，記述されたように，経験推定されたダイバージェンスに基づいた推定に対応しており，$D_\gamma(f,h)$ は本当に最小化したいダイバージェンスである．つまり，ガンマ・ダイバージェンスを利用したとき，経験推定されたダイバージェンスに基づいた推定方法は，本当に最小化したいダイバージェンスを最小化することと，近似的に同値になっている．よって，ピタゴリアン関係は，ガンマ・ダイバージェンスを使ったロバスト推定がうまく働くことを示唆している．

10.4.4　潜在バイアス

補助定理 10.4.2 から，次の関係式を得ることができる：

$$\begin{aligned}
\theta_\gamma^* &= \arg\min_\theta d_\gamma(g, f_\theta) \\
&= \arg\min_\theta \left\{ d_\gamma(f, f_\theta) - \frac{1}{\gamma}\log(1-\varepsilon) + O(\varepsilon \nu_{f_\theta}^\gamma) \right\} \\
&\approx \arg\min_\theta \left\{ d_\gamma(f, f_\theta) - \frac{1}{\gamma}\log(1-\varepsilon) \right\} \\
&= \theta^*.
\end{aligned}$$

これは，潜在バイアス $\theta_\gamma^* - \theta^*$ が，十分に小さくなることを期待させる[24]．

[24) この議論は，さすがにアドホックすぎるのだが，適当な仮定の下で，厳密な議論も可能である．

10.4.5 数値アルゴリズム

推定値を具体的に得るための数値アルゴリズムを紹介する．7.2.3項のように，MMアルゴリズムを使った考え方もあるが，ここでは，ピタゴリアン関係を利用した数値アルゴリズムの作り方を紹介する．

まずは記号を用意する．指数型分布を考える：

$$f(x;\theta) = \exp\{\theta^T t(x) - \psi(\theta)\}b(x). \qquad (10.7)$$

次のポテンシャル関数も考える：

$$\psi_\gamma(\theta) = \log \int \exp\{\theta^T t(x)\} b(x)^{1+\gamma} dx.$$

その微分を次のようにおく：

$$\eta_\gamma(\theta) = \frac{\partial}{\partial \theta} \psi_\gamma(\theta). \qquad (10.8)$$

ポテンシャル関数 $\psi_\gamma(\theta)$ は凸関数であり，ヘシアン行列が一般的に正定値であると想定できるので，$\eta_\gamma(\theta)$ は逆関数が存在すると想定する．

三つの密度関数 $p_1(x), p_2(x), p_3(x)$ に対して，次の計算をする：

$$\Delta(p_1, p_2, p_3) = D_\gamma(p_1, p_3) - D_\gamma(p_1, p_2) - D_\gamma(p_2, p_3)$$

$$= -\frac{1}{\gamma} \log \int p_1(x) p_3(x)^\gamma dx + \frac{1}{1+\gamma} \log \int p_3(x)^{1+\gamma} dx + \frac{1}{\gamma} \log \int p_1(x) p_2(x)^\gamma dx$$

$$\quad - \frac{1}{1+\gamma} \log \int p_2(x)^{1+\gamma} dx - \frac{1}{\gamma(1+\gamma)} \log \int p_2(x)^{1+\gamma} dx$$

$$\quad + \frac{1}{\gamma} \log \int p_2(x) p_3(x)^\gamma dx - \frac{1}{1+\gamma} \log \int p_3(x)^{1+\gamma} dx$$

$$= \frac{1}{\gamma} \Big\{ \log \int p_1(x) p_2(x)^\gamma dx + \log \int p_2(x) p_3(x)^\gamma dx$$

$$\quad - \log \int p_1(x) p_3(x)^\gamma dx - \log \int p_2(x)^{1+\gamma} dx \Big\}.$$

いま $p_j(x) = f(x; \theta_j)$ とする．このとき，次のように計算できる：

$$\log \int p_j(x) p_k(x)^\gamma dx$$

$$= \log \int \exp\left\{(\theta_j + \gamma \theta_k)^T t(x) - \psi(\theta_j) - \gamma \psi(\theta_k)\right\} b(x)^{1+\gamma} dx$$

$$= \log \left[\int \exp\left\{(\theta_j + \gamma \theta_k)^T t(x) - \psi_\gamma(\theta_j + \gamma \theta_k)\right\} b(x)^{1+\gamma} dx \right.$$

$$\times \exp\{\psi_\gamma(\theta_j + \gamma\theta_k) - \psi(\theta_j) - \gamma\psi(\theta_k)\}\Big]$$
$$= \psi_\gamma(\theta_j + \gamma\theta_k) - \psi(\theta_j) - \gamma\psi(\theta_k).$$

そのため，次が成り立つ：
$$\Delta(p_1, p_2, p_3) = \frac{1}{\gamma}\{\psi_\gamma(\theta_1 + \gamma\theta_2) + \psi_\gamma(\theta_2 + \gamma\theta_3)$$
$$-\psi_\gamma(\theta_1 + \gamma\theta_3) - \psi_\gamma((1+\gamma)\theta_2)\}.$$

ここで，$\psi_\gamma(\theta)$ が凸関数であることを利用して，次の不等式を得ることができる：
$$\Delta(p_1, p_2, p_3) \geq \frac{1}{\gamma}[\eta_\gamma(\theta_1 + \gamma\theta_3)\{(\theta_1 + \gamma\theta_2) - (\theta_1 + \gamma\theta_3)\}$$
$$+\eta_\gamma((1+\gamma)\theta_2)\{(\theta_2 + \gamma\theta_3) - ((1+\gamma)\theta_2)\}]$$
$$= \{\eta_\gamma(\theta_1 + \gamma\theta_3) - \eta_\gamma((1+\gamma)\theta_2)\}^T(\theta_2 - \theta_3).$$

ここで次を想定する：
$$\eta_\gamma(\theta_1 + \gamma\theta_3) = \eta_\gamma((1+\gamma)\theta_2). \tag{10.9}$$

結果として $\Delta(p_1, p_2, p_3) = D_\gamma(p_1, p_3) - D_\gamma(p_1, p_2) - D_\gamma(p_2, p_3) \geq 0$ が成り立つ．さらに次が成り立つ：
$$D_\gamma(p_1, p_3) \geq D_\gamma(p_1, p_2), \qquad d_\gamma(p_1, p_3) \geq d_\gamma(p_2, p_3).$$

ここで，$p_1(x)$ をデータ発生分布 $g(x)$ だと思い，$a = 0, 1, \ldots$ に対して，$p_3(x) = f(x; \theta^{(a)})$ だとして，次のステップを $p_2(x) = f(x; \theta^{(a+1)})$ だとすれば，次の単調性が得られる：
$$D_\gamma(g, f_{\theta^{(a)}}) \geq D_\gamma(g, f_{\theta^{(a+1)}}), \qquad d_\gamma(g, f_{\theta^{(a)}}) \geq d_\gamma(g, f_{\theta^{(a+1)}}).$$

ステップが進むにつれて，パラメトリックモデル $f(x; \theta)$ はデータ発生分布 $g(x)$ に近づいていく：
$$D_\gamma(g, f_{\theta^{(0)}}) \geq D_\gamma(g, f_{\theta^{(1)}}) \geq \cdots \geq D_\gamma(g, f_{\theta_\gamma^*}).$$
$$d_\gamma(g, f_{\theta^{(0)}}) \geq d_\gamma(g, f_{\theta^{(1)}}) \geq \cdots \geq d_\gamma(g, f_{\theta_\gamma^*}).$$

具体的なアルゴリズムは，(10.9) から次になる：

$$\eta_\gamma((1+\gamma)\theta^{(a+1)}) = \eta_\gamma(\theta_1 + \gamma\theta^{(a)}) \qquad (a = 0, 1, \ldots). \qquad (10.10)$$

ここまで，イメージは良いのだけれども，実際には，データ発生分布は，指数型分布に属しているのかは分からないし，後で経験推定するときに困る．そこで，次のように変形する：

$$\begin{aligned}
\eta_\gamma(\theta_1 + \gamma\theta^{(a)}) &= \frac{\partial \psi_\gamma}{\partial \theta}(\theta_1 + \gamma\theta^{(a)}) \\
&= \frac{\int t(x)\exp\{(\theta_1 + \gamma\theta^{(a)})^T t(x)\} b(x)^{1+\gamma} dx}{\int \exp\{(\theta_1 + \gamma\theta^{(a)})^T t(x)\} b(x)^{1+\gamma} dx} \\
&= \frac{\int t(x)\exp\{(\theta_1 + \gamma\theta^{(a)})^T t(x) - \psi(\theta_1) - \gamma\psi(\theta^{(a)})\} b(x)^{1+\gamma} dx}{\int \exp\{(\theta_1 + \gamma\theta^{(a)})^T t(x) - \psi(\theta_1) - \gamma\psi(\theta^{(a)})\} b(x)^{1+\gamma} dx} \\
&= \frac{\int t(x) g(x) f_{\theta^{(a)}}(x)^\gamma dx}{\int g(x) f_{\theta^{(a)}}(x)^\gamma dx}. \qquad (10.11)
\end{aligned}$$

最後の項は経験推定可能なので，実際にデータが得られたときは，上記の右辺を，経験推定したものに置き換えればよい．つまり以下である：

$$\begin{aligned}
\eta_\gamma(\theta_1 + \gamma\theta^{(a)}) &\leftarrow \frac{1}{n}\sum_{i=1}^n t(x_i) f_{\theta^{(a)}}(x_i)^\gamma \Big/ \frac{1}{n}\sum_{i=1}^n f_{\theta^{(a)}}(x_i)^\gamma \\
&= \sum_{i=1}^n w_\gamma(x_i; \theta^{(a)}) t(x_i), \quad w_\gamma(x; \theta^{(a)}) = \frac{f_{\theta^{(a)}}(x)^\gamma}{\sum_{i=1}^n f_{\theta^{(a)}}(x_i)^\gamma}.
\end{aligned}$$

結果的に，数値アルゴリズム (10.10) は次で表現できる：

$$\eta_\gamma((1+\gamma)\theta^{(a+1)}) = \sum_{i=1}^n w_\gamma(x_i; \theta^{(a)}) t(x_i). \qquad (10.12)$$

簡単な計算から，パラメトリックモデルが正規分布 $N(\mu, \sigma^2)$ のときは，この数値アルゴリズムは 3.10.3 項のアルゴリズムとなる．ただし，このようなアドホックな変形をすると，ダイバージェンスや相互エントロピーに関する単調性は，そのままでは保証されない．しかし，実際には，次のように，EM アルゴリズムのときのような単調性を証明できる．

定理 10.4.4. 密度関数 $f(x; \theta)$ は指数型分布 (10.7) であるとする．また，$\gamma > 0$ であり，$\eta_\gamma(\theta)$ は (10.8) であるとする．ここで，数値アルゴリズム (10.12) を考える．このとき，ガンマ・相互エントロピーの経験版 $d_\gamma(\bar{g}, f_\theta)$ は，単調に減少する：

$$d_\gamma(\bar{g}, f_{\theta^{(0)}}) \geq d_\gamma(\bar{g}, f_{\theta^{(1)}}) \geq \cdots \geq d_\gamma(\bar{g}, f_{\hat{\theta}_\gamma}).$$

証明．簡単な計算をすると，次を得ることができる：

$$\Delta(g, f_{\theta_2}, f_{\theta_3}) = \frac{1}{\gamma}\left\{\log\int g(x)\exp\{\gamma\theta_2^T t(x)\}b(x)^\gamma dx + \psi_\gamma(\theta_2 + \gamma\theta_3)\right.$$
$$\left. - \log\int g(x)\exp\{\gamma\theta_3^T t(x)\}b(x)^\gamma dx - \psi_\gamma((1+\gamma)\theta_2)\right\}.$$

それゆえ，右辺の第一項の凸性から，次を得ることができる：

$$\Delta(g, f_{\theta_2}, f_{\theta_3}) \geq \frac{1}{\gamma}\left[\frac{\int g(x)\gamma t(x)^T \exp\{\gamma\theta_3 t\}b(x)^\gamma dx}{\int g(x)\exp\{\gamma\theta_3 t(x)\}(x)b^\gamma dx}(\theta_2 - \theta_3)\right.$$
$$\left. + \eta_\gamma((1+\gamma)\theta_2)\{(\theta_2 + \gamma\theta_3) - ((1+\gamma)\theta_2)\}\right]$$
$$= \frac{\int t(x)^T g(x) f_{\theta_3}(x)^\gamma dx}{\int g(x) f_{\theta_3}(x)^\gamma dx}(\theta_2 - \theta_3) - \eta_\gamma((1+\gamma)\theta_2)(\theta_2 - \theta_3)$$
$$= \left[\frac{\int t(x)g(x)f_{\theta_3}(x)^\gamma dx}{\int g(x)f_{\theta_3}(x)^\gamma dx} - \eta_\gamma((1+\gamma)\theta_2)\right]^T(\theta_2 - \theta_3).$$

あとは経験推定を考えればよい． □

10.4.6 一意性

10.4.4 項で，ガンマ・ダイバージェンスから得られる推定方法は，潜在バイアスを十分に小さくできることを示した．ところで，その逆に，外れ値の割合が十分に小さくなくても，潜在バイアスを十分に小さくできる推定方法には，どのようなものがあるだろうか．本節では，ある種の仮定の下では，そのような方法は，ガンマ・相互エントロピーに基づいた方法に限るということを紹介する．

なお，本節はかなり難しい．ある程度読んでみて興味がないと思ったら，読み飛ばしてもよいと思う．読み飛ばしても本章の中心部分を理解するのに大きな影響はない．

まずは，10.4.4 項において，ガンマ・ダイバージェンスにおいて行われていた式変形を，象徴的にまとめてみよう：

$$\begin{aligned}\theta^\dagger &= \arg\min_\theta D(g, f_\theta) = \arg\min_\theta d(g, f_\theta)\\ &= \arg\min_\theta d((1-\varepsilon)f + \varepsilon\delta, f_\theta)\\ &\approx \arg\min_\theta d((1-\varepsilon)f, f_\theta)\\ &= \arg\min_\theta d(f, f_\theta)\\ &= \theta^*.\end{aligned}$$

(a) 最初の近似 $\approx$ は，外れ値が自動的に無視されて，外れ値に関係のある項 $\varepsilon\delta(x)$ が推定に影響しなくなるという性質から得られた．(b) その次の等式は，定数倍は最小化には影響しなくなるという性質から得られた．どちらもガンマ・ダイバージェンスでは成り立っていた性質である．本節では，このような性質をもつ相互エントロピーが何であるか，を考えることにする．

相互エントロピーが何でもよいとすると話が大きすぎるので，相互エントロピーのクラスを，簡単にイメージできるものに制限してみよう：

$$d(g,f) = \psi\left(\int g(x)\chi(f(x))dx, \int \rho(f(x))dx\right). \tag{10.13}$$

関数 ψ 内の第一項は，g に依存する項であり，経験推定可能な形になっている．結果的に次のようにしてパラメータ推定値を簡単に提案できる：

$$d(\bar{g},f_\theta) = \psi\left(\frac{1}{n}\sum_{i=1}^n \chi(f_\theta(x_i)), \int \rho(f_\theta(x))dx\right).$$
$$\hat{\theta} = \arg\min_\theta d(\bar{g},f_\theta).$$

関数 ψ 内の第二項は，g に依存しない項であり，推定方程式のバイアス補正項のように，何らかのバイアスを吸収する項である．例えば，ベキ密度相互エントロピーやガンマ相互エントロピーでは，$\int \rho(f(x))dx = \int f(x)^{1+\gamma}dx$ である．その二つの項の関数として相互エントロピーのクラスを考えている．

次に，(a) のように，外れ値を自動的に無視する構造を導入したい．簡単のために $\delta(x) = \delta_{x_o}(x)$ としよう．このとき，次のような式変形を得ることができる：

$$\begin{aligned}d(g,f_\theta) &= \psi\left(\int g(x)\chi(f_\theta(x))dx, \int \rho(f_\theta(x))dx\right) \\ &= \psi\left(\int\{(1-\varepsilon)f(x)+\varepsilon\delta_{x_o}\}\chi(f_\theta(x))dx, \int \rho(f_\theta(x))dx\right) \\ &= \psi\left(\int(1-\varepsilon)f(x)\chi(f_\theta(x))dx + \varepsilon\chi(f_\theta(x_o)), \int \rho(f_\theta(x))dx\right).\end{aligned}$$

外れ値を自動的に無視するためには，$\chi(f_\theta(x_o))$ が消えればよい．外れ値の性質として，$\theta \approx \theta^*$ であれば，$f_\theta(x_o)$ は十分に小さいだろう．その結果として，もしも

$$\chi(0) = 0 \tag{10.14}$$

という性質があれば，外れ値に関する部分は，自動的にほぼ無視できるであ

ろう．例えば，$\chi(s) = s^\gamma \ (\gamma > 0)$ は，この性質を満たす（実は，これが答えになる）．しかし，KLダイバージェンスに対応する関数 $\chi(s) = \log(s)$ は，この性質を満たさない．

先ほどの式変形を整理すると次が得られる：

$$d(g, f_\theta) \approx \psi\left(\int (1-\varepsilon) f \chi(f_\theta(x)) dx, \int \rho(f_\theta(x)) dx\right)$$

$$= d((1-\varepsilon)f, f_\theta).$$

ここで，(b) のように，$(1-\varepsilon)$ が以下の二番目の等号の意味で影響を与えないと考えてみよう：

$$\theta_\gamma^* = \arg\min_\theta d(g, f_\theta) \approx \arg\min_\theta d((1-\varepsilon)f, f_\theta)$$
$$= \arg\min_\theta d(f, f_\theta) = \theta^*$$

結果として，$\theta_\gamma^* - \theta^* \approx 0$，つまり，潜在バイアスが十分に小さくなる．そこで，最小化においては，$(1-\varepsilon)$ があってもなくても同じとみなせる同値類が入るような相互エントロピーを考えることにしよう：

$$\begin{aligned}&\text{任意の } \lambda (0 < \lambda < 1) \text{ に対して} \\ &\arg\min_\theta d(\lambda f, f_\theta) = \arg\min_\theta d(f, f_\theta).\end{aligned} \tag{10.15}$$

定理 10.4.5． 相互エントロピーのクラスが (10.13) であるとする．関数 $\chi(x)$ が条件 $\chi(0) = 0$ を満たすとする．定数倍に関して最小化が不変であるという性質 (10.15) が成り立っているとする．その他に様々な（本質的でない）条件が成り立っているとする（省略）．このとき，相互エントロピーは次のように表現できる：

$$d(g, f) = \eta(d_\gamma(g, f)).$$

ただし，$\eta(u)$ は適当な単調増加関数である．

推定量は $d(\bar{g}, f_\theta)$ の最小化として得られる．関数 η は単調増加関数なので，その最小化は，ガンマ・相互エントロピーの経験版 $d_\gamma(\bar{g}, f_\theta)$ の最小化と同じである．結果的に，潜在バイアスを十分に小さくする推定手法は，適当な想定の下では，ガンマ・相互エントロピーに基づいた方法だけになることが分かる．

上述の定理はかなり強い結果である．相互エントロピーの最小化で推定値

を定義した場合，適当な想定の下では，潜在バイアスを十分に小さくできる方法は，本質的にたった一つしかないわけである．

潜在バイアスを十分に小さくするためには，他の手段は本当にないのだろうか．相互エントロピーのクラス (10.13) が狭すぎるのかもしれない．そのクラスを広げれば，潜在バイアスを十分に小さくできる別の相互エントロピーを発見できるかもしれないが，今のところは見つかっていない．10.6 節では，モデル拡大という工夫をすることで，別の相互エントロピーでも，潜在バイアスを十分に小さくすることが可能になる方法を紹介する．

10.5　ヘルダー・ダイバージェンス

話を先に進める前に，別のダイバージェンスを用意しておく．Kanamori and Fujisawa (2014) は，二つの正値関数 $g(x)$ と $f(x)$ に対して，次のヘルダー・相互エントロピーを提案した：

$$d_H(g, f) = s\left(\frac{\int g(x)f(x)^\gamma dx}{\int f(x)^{1+\gamma}dx}\right) \int f(x)^{1+\gamma}dx \quad (\gamma > 0).$$

ここで関数 s は次を満たす：

$$s(z) \geq -z^{1+\gamma} \quad (z \geq 0), \qquad s(1) = -1.$$

対応するダイバージェンスは，これまでと同様に，$D_H(g, f) = d_H(g, f) - d_H(g, g)$ で定義する．

このダイバージェンスは，拡張された意味でのダイバージェンスである．名前の由来は，$D_H(g, f)$ が拡張型のダイバージェンスであるという証明が，ヘルダー不等式によって行えるところにある．なお，ヘルダー・ダイバージェンスは，相互エントロピーのクラス (10.13) の下で，ある種のアフィン不変性（10.4.1 項の不変性と関係している）を満たすダイバージェンスとして導出される．詳細は上記の論文を参照されたい．

ヘルダー・相互エントロピーは他の相互エントロピーと関係している：

$$s(z) = -z^{1+\gamma}, \qquad d_H(g, f) = -\exp(-\gamma(1+\gamma)d_\gamma(g, f)).$$
$$s(z) = \gamma - (1+\gamma)z, \quad d_H(g, f) = d_{\beta=\gamma}(g, f)/\gamma.$$

関数 $s(z)$ が下限の $s(z) = -z^{1+\gamma}$ のときは，ガンマ・相互エントロピーと関係がある．

10.6　外れ値の割合をも推定するロバスト推定

次の拡張モデルを考えよう：

$$m_\eta(x) = \xi f_\theta(x), \qquad \eta = (\xi, \theta).$$

この拡張モデルと密度関数 $g(x)$ とのヘルダー・ダイバージェンスを考えよう．そのとき次の定理が成り立つ．

定理 10.6.1.　密度関数 $g(x)$ と拡張モデル $m_\eta(x)$ とのヘルダー・ダイバージェンス $D_H(g, m_\eta)$ の最小化に関して次が得られる：

$$\hat{\xi}(\theta) = \arg\min_\xi D_H(g, m_\eta) = \arg\min_\xi d_H(g, m_\eta)$$
$$= \int g(x) f_\theta(x)^\gamma dx \Big/ \int f_\theta(x)^{1+\gamma} dx.$$

加えて次が得られる：

$$\min_\xi d_H(g, m_\eta) = d_H(g, m_{(\hat{\xi}(\theta), \theta)}) = -\exp\{-\gamma(1+\gamma) d_\gamma(g, f_\theta)\}.$$

さらに次が成り立つ：

$$\hat{\theta} = \arg\min_\theta \min_\xi d_H(g, m_\eta) = \arg\min_\theta d_\gamma(g, f_\theta).$$

この定理は強力である．どのようなヘルダー・ダイバージェンスであったとしても，拡張モデル $m_\eta(x) = \xi f_\theta(x)$ を考えることで，ガンマ・ダイバージェンスの最小化と同等のことさえ考えればよいのである．そして，ガンマ・ダイバージェンスは様々な有益な性質をもっていたため，それらが成り立つことになる．たとえば，10.4.4 項の潜在バイアスが十分に小さくなるという結果や，10.4.5 項の数値アルゴリズムの結果も，そのまま成り立つことになる．

また，最小値を与える ξ の値は，$g(x) = (1-\varepsilon)f(x) + \varepsilon \delta(x)$ という想定のときには，ターゲット分布の割合の近似値と捉えることもできる．簡単のために $f_\theta(x) = f(x)$ であったとしよう．そのとき次が成り立つ：

$$\hat{\xi} = \frac{\int g(x) f(x)^\gamma dx}{\int f(x)^{1+\gamma} dx} = \frac{\int \{(1-\varepsilon)f(x) + \varepsilon\delta(x)\} f(x)^\gamma dx}{\int f(x)^{1+\gamma} dx}$$
$$= (1-\varepsilon) + \varepsilon \nu_f^\gamma \Big/ \int f(x)^{1+\gamma} dx = (1-\varepsilon) + O(\varepsilon \nu_f^\gamma).$$

そのため，外れ値の割合は，$\hat{\varepsilon} = \min\{1-\hat{\xi}, 0\}$ で推定する．

最後に定理の証明を与えておこう．まずは，次のように，ヘルダー・相互エントロピーには，下限が与えられることを示しておく：

$$\begin{aligned}
d_H(g, m_\eta) &= s\left(\frac{\int g(x)m_\eta(x)^\gamma dx}{\int m_\eta(x)^{1+\gamma}dx}\right)\int m_\eta(x)^{1+\gamma}dx \\
&= s\left(\frac{\int g(x)f_\theta(x)^\gamma dx}{\int f_\theta(x)^{1+\gamma}dx}\frac{1}{\xi}\right)\xi^{1+\gamma}\int f_\theta(x)^{1+\gamma}dx \\
&\geq -\left(\frac{\int g(x)f_\theta(x)^\gamma dx}{\int f_\theta(x)^{1+\gamma}dx}\frac{1}{\xi}\right)^{1+\gamma}\xi^{1+\gamma}\int f_\theta(x)^{1+\gamma}dx \\
&= -\left(\int g(x)f_\theta(x)^\gamma dx\right)^{1+\gamma}\Big/\left(\int f_\theta(x)^{1+\gamma}dx\right)^\gamma \\
&= -\exp\{-\gamma(1+\gamma)d_\gamma(g, f_\theta)\}.
\end{aligned}$$

上記の不等式では $s(z) \geq -z^{1+\gamma}$ という条件を使った．下限は ξ には依存していないことに注意しよう．そして $s(1) = -1$ という条件があったことも思い出そう．結果的に，$\xi = \int g(x)f_\theta(x)^\gamma dx / \int f_\theta(x)^{1+\gamma}dx$ のときに等式を成り立たせると分かる．

10.7　回帰モデルの場合

10.7.1　ガンマ・ダイバージェンス

9.2.4 項で述べたように，回帰モデルの同定は，条件付密度関数の同定と考えることもできる．ここで，二つの条件付正値関数 $g_{y|x}(y|x)$ と $f_{y|x}(y|x)$ に対する $g_x(x)$ 上でのガンマ・相互エントロピーとガンマ・ダイバージェンスを以下で与える：

$$\begin{aligned}
d_\gamma(g_{y|x}, f_{y|x}; g_x) &= -\frac{1}{\gamma}\log\int\int g_{y|x}(y|x)f_{y|x}(y|x)^\gamma dy\, g_x(x)dx \\
&\quad + \frac{1}{1+\gamma}\log\int f_{y|x}(y|x)^{1+\gamma}dy\, g_x(x)dx. \\
D_\gamma(g_{y|x}, f_{y|x}; g_x) &= d_\gamma(g_{y|x}, f_{y|x}; g_x) - d_\gamma(g_{y|x}, g_{y|x}; g_x).
\end{aligned}$$

これは拡張されたダイバージェンスの基本性質を満たす：

(i) $D(g_{y|x}, f_{y|x}; g_x) \geq 0$.
(ii) $D_\gamma(g_{y|x}, f_{y|x}; g_x) = 0 \Leftrightarrow g_{y|x}(y|x) = c f_{y|x}(y|x)$.

証明は通常のガンマ・ダイバージェンスのときと同じである．

ガンマ・相互エントロピーは次のようにも表現できる：

$$d_\gamma(g_{y|x}, f_{y|x}; g_x) = -\frac{1}{\gamma} \log \int \int f_{y|x}(y|x)^\gamma g(x,y) dy dx$$
$$+ \frac{1}{1+\gamma} \log \int f_{y|x}(y|x)^{1+\gamma} dy \, g_x(x) dx.$$

関数 $g(x,y)$ をデータ発生分布，関数 $f_{y|x}(y|x)$ をパラメトリック分布 $f_{y|x}(y|x;\theta)$ として，ガンマ・相互エントロピー $d_\gamma(g_{y|x}, f_{y|x;\theta}; g_x)$ を経験推定すると，ロス関数が得られる：

$$L_n(\theta) = -\frac{1}{\gamma} \log \left\{ \frac{1}{n} \sum_{i=1}^n f_{y|x}(y_i|x_i;\theta)^\gamma \right\}$$
$$+ \frac{1}{1+\gamma} \log \left\{ \frac{1}{n} \sum_{i=1}^n \int f_{y|x}(y|x_i;\theta)^{1+\gamma} dy \right\}.$$

ロバスト推定値は次のように提案できる：

$$\hat{\theta}_\gamma = \arg\min_\theta L_n(\theta).$$

10.7.2 数値アルゴリズム

推定値 $\hat{\theta}_\gamma$ を具体的に得るための数値アルゴリズムを考えたい．独立同一標本の場合は，10.4.5 項にあるように，指数型分布に対しては，ピタゴリアン関係に基づいて，ロス関数が単調減少性をもつ数値アルゴリズムを構築できた．しかし，回帰モデルの場合は，ピタゴリアン関係に基づいて，そのような議論は難しい．ここでは，7.2.3 項で触れた MM アルゴリズムの利用の仕方に基づいて，正規回帰モデル $f_{y|x}(y|x;\theta) = \phi(y; t(x)^T \beta, \sigma)$ の場合だけを紹介する．ただし $\theta = (\beta^T, \sigma)^T$ である．

重み w_i は非負で $\sum_{i=1}^n w_i = 1$ を満たし，z_i は正であるとする．このとき，イェンセンの不等式から，次が成り立つ：

$$-\log \sum_{i=1}^n w_i z_i \leq -\sum_{i=1}^n w_i \log z_i.$$

ここで，$a = 0, 1, 2, \ldots$ に対して，

$$w_i = w(x_i, y_i; \theta^{(a)}) = \frac{\phi(y_i; t(x_i)^T \beta^{(a)}, \sigma^{(a)})^\gamma}{\sum_{j=1}^n \phi(y_j; t(x_j)^T \beta^{(a)}, \sigma^{(a)})^\gamma},$$

$$z_i = z(x_i, y_i; \theta^{(a)}, \theta) = \frac{\phi(y_i; t(x_i)^T \beta, \sigma)^\gamma}{w(x_i, y_i; \theta^{(a)})},$$

とおく．すると，$w_i z_i = \phi(y_i; t(x_i)^T \beta, \sigma)^\gamma$ となり，積分値の結果 (7.1) も利用すると，ロス関数に対して，次の式変形が得られる：

$$\begin{aligned}
L_n(\theta) &= -\frac{1}{\gamma} \log \left\{ \frac{1}{n} \sum_{i=1}^n w_i z_i \right\} + \frac{1}{1+\gamma} \log \left\{ \frac{1}{n} \sum_{i=1}^n \int \phi(y; t(x_i)^T \beta, \sigma)^{1+\gamma} dy \right\} \\
&\leq \frac{1}{\gamma} \log n - \frac{1}{\gamma} \sum_{i=1}^n w_i \log z_i + \frac{1}{1+\gamma} \log \left\{ \frac{1}{n} \sum_{i=1}^n \int \phi(y; t(x_i)^T \beta, \sigma)^{1+\gamma} dy \right\} \\
&= \frac{1}{\gamma} \log n - \frac{1}{\gamma} \sum_{i=1}^n w(x_i, y_i; \theta^{(a)}) \Big\{ \log \phi(y_i; t(x_i)^T \beta, \sigma)^\gamma \\
&\qquad - \log \phi(y_i; t(x_i)^T \beta^{(a)}, \sigma^{(a)})^\gamma + \log \sum_{j=1}^n \phi(y_j; t(x_j)^T \beta^{(a)}, \sigma^{(a)})^\gamma \Big\} \\
&\qquad + \frac{1}{1+\gamma} \left\{ -\frac{\gamma}{2} \log(2\pi\sigma^2) - \frac{1}{2} \log(1+\gamma) \right\} \\
&= c(\theta^{(a)}) + h(\theta; \theta^{(a)}).
\end{aligned}$$

ただし，$c(\theta^{(a)})$ はパラメータ θ に依存しない部分であり，

$$h(\theta; \theta^{(a)}) = -\sum_{i=1}^n w(x_i, y_i; \theta^{(a)}) \log \phi(y_i; t(x_i)^T \beta, \sigma) - \frac{\gamma}{2(1+\gamma)} \log(2\pi\sigma^2),$$

である．関数 $h(\theta; \theta^{(a)})$ は，$L_n(\theta)$ に対して，優関数の性質 (i)(ii) を満たすことが簡単に確認できるので，

$$\theta^{(a+1)} = \arg\min_\theta h(\theta; \theta^{(a)})$$

が得られれば，

$$L(\theta^{(0)}) \geq L(\theta^{(1)}) \geq \cdots \geq L(\theta^{(a)}) \geq L(\theta^{(a+1)}) \cdots,$$

という単調減少性が得られる．さて，関数 $h(\theta; \theta^{(a)})$ を，もう少し整理しよう：

$$\begin{aligned}
h(\theta; \theta^{(a)}) &= \frac{1}{2} \log(2\pi\sigma^2) + \frac{1}{2\sigma^2} \sum_{i=1}^n w(x_i, y_i; \theta^{(a)})(y_i - t(x_i)^T \beta)^2 \\
&\quad - \frac{\gamma}{2(1+\gamma)} \log(2\pi\sigma^2)
\end{aligned}$$

$$= \frac{1}{2(1+\gamma)} \log(2\pi\sigma^2) + \frac{1}{2\sigma^2} \sum_{i=1}^{n} w(x_i; \theta^{(a)})(y_i - t(x_i)^T \beta)^2.$$

これを最小にするパラメータ θ の値は，簡単に得られる．その結果が 4.5 節に書かれているものである．

10.7.3　ガンマ・ダイバージェンスのいくつかの性質

データ発生分布が汚染分布

$$g_{y|x}(y|x) = (1 - \varepsilon(x))f_{y|x}(y|x) + \varepsilon(x)\delta_{y|x}(y|x)$$

に従うする．ここで，10.4.2 項で用意されたように，外れ値の外れ値らしさを醸し出す条件を仮定しよう：

$$\nu_f = \left\{ \int \int \delta_{y|x}(y|x) f_{y|x}(y|x)^\gamma dy \, g_x(x) dx \right\}^{1/\gamma} \approx 0.$$

外れ値の割合が説明変数に依存しない場合 ($\varepsilon(x) = \varepsilon$) は，10.4.3 項で述べたピタゴリアン関係や 10.4.4 項で述べた潜在バイアスに関する性質が，同様に簡単に得られる．外れ値の割合が説明変数に依存する場合は，適当な位置尺度分布に対しては，同様な結果が得られる．外れ値の割合の推定に関しても，似たような結果が得られる．詳しくは，Kanamori and Fujisawa (2015) や Kawashima and Fujisawa (2016) を参照されたい．

10.8　一致性と漸近正規性

10.8.1　独立同一標本の場合

ロス関数を思い出す：

$$d_\gamma(\bar{g}, f_\theta) = -\frac{1}{\gamma} \log \left\{ \frac{1}{n} \sum_{i=1}^{n} f(x_i; \theta)^\gamma \right\} + \frac{1}{1+\gamma} \log \left\{ \int f(x; \theta)^{1+\gamma} dx \right\}.$$

以下の関係を想像できる：

$$\hat{\theta} = \arg\min_\theta d_\gamma(\bar{g}, f_\theta) \xrightarrow{P} \arg\min_\theta d_\gamma(g, f_\theta) = \theta^*_\gamma.$$

これは一致性を示している．また，推定方程式は，以下で得られる：

$$
\begin{aligned}
0 &= \frac{\partial}{\partial \theta} d_\gamma(\bar{g}, f_\theta) \\
&= -\frac{\sum_{i=1}^n f(x_i;\theta)^\gamma s(x_i;\theta)}{\sum_{i=1}^n f(x_i;\theta)^\gamma} + \frac{\int f(x;\theta)^{1+\gamma} s(x;\theta) dx}{\int f(x;\theta)^{1+\gamma} dx}, \\
s(x;\theta) &= \frac{\partial}{\partial \theta} \log f(x;\theta).
\end{aligned}
$$

これを次のように変形する：

$$
\begin{aligned}
0 &= \sum_{i=1}^n \psi(x_i;\theta), \\
\psi(x_i;\theta) &= -f(x_i;\theta)^\gamma s(x_i;\theta) \int f(x;\theta)^{1+\gamma} dx \\
&\quad + f(x_i;\theta)^\gamma \int f(x;\theta)^{1+\gamma} s(x;\theta) dx.
\end{aligned}
$$

これは M 推定方程式である．実際に $E_{f_\theta}[\psi(x;\theta)] = 0$ が成り立つ．そのため，推定量の漸近正規性は，9.3.2 項で紹介された M 推定量の漸近正規性から得られる．

ところで，$f(x;\theta) = \phi(x;\mu,\sigma)$ のとき，平均パラメータ μ に関してだけでなく尺度パラメータ σ に関しても，再下降性が成り立つ．なぜなら，核関数 $\psi(x;\theta)$ において，$f(x;\theta)^\gamma$ という項が全体にかかっているためである．そのような再下降性は，正規分布に限らず，より一般的に成り立つだろうことが，数式から想像できる（なお，ベキ密度ダイバージェンスにおいては，尺度パラメータに関して，再下降性は成り立っていない）．

10.8.2　回帰モデルの場合

ロス関数を思い出す：

$$
\begin{aligned}
L_n(\theta) = &-\frac{1}{\gamma} \log \left\{ \frac{1}{n} \sum_{i=1}^n f_{y|x}(y_i|x_i;\theta)^\gamma \right\} \\
&+ \frac{1}{1+\gamma} \log \left\{ \frac{1}{n} \sum_{i=1}^n \int f_{y|x}(y|x_i;\theta)^{1+\gamma} dy \right\}.
\end{aligned}
$$

以下の関係を思い出す：

$$
\hat{\theta} = \arg\min_\theta L_n(\theta) \xrightarrow{P} \arg\min_\theta d_\gamma(g_{y|x}, f_{y|x;\theta}; g_x) = \theta_\gamma^*.
$$

これは一致性を示している．また，推定方程式は，以下で得られる：

$$
\begin{aligned}
0 &= \frac{\partial}{\partial \theta} L_n(\theta) \\
&= -\frac{\sum_{i=1}^n f_{y|x}(y_i|x_i;\theta)^\gamma s(y_i|x_i;\theta)}{\sum_{i=1}^n f_{y|x}(y_i|x_i;\theta)^\gamma} + \frac{\sum_{i=1}^n \int f_{y|x}(y|x_i;\theta)^{1+\gamma} s(y|x_i;\theta) dy}{\sum_{i=1}^n \int f_{y|x}(y|x_i;\theta)^{1+\gamma} dy},
\end{aligned}
$$

$$
s(y|x;\theta) = \frac{\partial}{\partial \theta} \log f_{y|x}(y|x;\theta).
$$

これは一般的にはM推定方程式の形では表現できない．そのため，より難しい議論が必要となる．本書では省略する．ただし，正規線形モデル $f_{y|x}(y|x;\theta) = \phi(y; t(x)^T \beta, \sigma)$ のときは，積分量が簡単になり，M推定方程式として扱える．

11 ロバストかつスパースなモデリング

本節では,ロバスト性とスパース性を同時に併せもつ手法の最近の話題を,簡単に紹介する.

11.1 ロバストかつスパースな回帰モデリング

最小二乗法は次のロス関数と推定値で表現される:

$$L_2(\boldsymbol{\beta}) = \frac{1}{n}\sum_{i=1}^{n}\left(y_i - \beta_0 - \sum_{j=1}^{p}\beta_j x_{ij}\right)^2.$$

$$\hat{\boldsymbol{\beta}} = \arg\min_{\boldsymbol{\beta}} L_2(\boldsymbol{\beta}).$$

ここで,回帰係数 $\{\beta_j\}_{j=1}^{p}$ に対して,L_1 ノルムに基づいたスパース罰則を組み込んだ,罰則付きロス関数を考える:

$$L_2(\boldsymbol{\beta};\lambda) = L_2(\boldsymbol{\beta}) + \lambda\sum_{j=1}^{p}|\beta_j|.$$

このロス関数は,罰則項の貢献度合いを,チューニングパラメータ λ でコントロールしている.推定値は次で与える:

$$\hat{\boldsymbol{\beta}} = \arg\min_{\boldsymbol{\beta}} L_2(\boldsymbol{\beta};\lambda).$$

この推定値は回帰係数を 0 と推定しやすいことが知られている.回帰係数が 0 と推定されれば,その説明変数は必要ないと判断できる(回帰係数の推定とモデル選択を同時に行っているとも考えられる).この手法は **LASSO** (Least Absolute Shrinkage and Selection Operator) と呼ばれている (Tibshirani, 1996). 推定値を具体的に得るアルゴリズムとしては,座標ごとに更新して,

LASSO

座標降下アルゴリズム　ロス関数を単調減少させていく，**座標降下アルゴリズム** (coordinate descent algorithm) が提案されている (Friedman *et al.*, 2007)．なお，通常は，説明変数は，基準化しておく．なぜなら，回帰パラメータの絶対値の意味を，同程度にしておきたいからである．

この話を相互エントロピーに基づいて構築し直そう．まずは記号を用意する．線形回帰部分を $\boldsymbol{\beta}^T \boldsymbol{x}$ で表す．たとえば，$\boldsymbol{x} = (1, x_1, \ldots, x_p)^T$ で $\boldsymbol{\beta} = (\beta_0, \beta_1, \ldots, \beta_p)^T$ のとき，$\boldsymbol{\beta}^T \boldsymbol{x} = \beta_0 + \sum_{j=1}^p \beta_j x_j$ となる．次に，条件付き密度関数を利用して，正規線形回帰モデル $f_{y|\boldsymbol{x}}(y|\boldsymbol{x}; \boldsymbol{\beta}) = \phi(y; \boldsymbol{\beta}^T \boldsymbol{x}, \sigma)$ に対する KL 相互エントロピーを用意する（簡単のために σ は既知とする）：

$$d_{\mathrm{KL}}(g_{y|\boldsymbol{x}}, f_{y|\boldsymbol{x};\boldsymbol{\beta}}; g_{\boldsymbol{x}}) = -\int \int g_{y|\boldsymbol{x}}(y|\boldsymbol{x}) \log f_{y|\boldsymbol{x}}(y|\boldsymbol{x}; \boldsymbol{\beta}) dy \, g_{\boldsymbol{x}}(\boldsymbol{x}) d\boldsymbol{x}$$
$$= -\int \int g(\boldsymbol{x}, y) \log f_{y|\boldsymbol{x}}(y|\boldsymbol{x}; \boldsymbol{\beta}) dy d\boldsymbol{x}.$$

これの経験推定は次で与えられる：

$$L_{\mathrm{KL}}(\boldsymbol{\beta}) = -\frac{1}{n} \sum_{i=1}^n \log f_{y|\boldsymbol{x}}(y_i|\boldsymbol{x}_i; \boldsymbol{\beta}).$$

簡単な計算から次が確認できる：

$$L_{\mathrm{KL}}(\boldsymbol{\beta}) = \frac{1}{2\sigma^2} \frac{1}{n} \sum_{i=1}^n (y_i - \boldsymbol{\beta}^T \boldsymbol{x}_i)^2 + \frac{1}{2} \log(2\pi \sigma^2)$$
$$= \frac{1}{2\sigma^2} L_2(\boldsymbol{\beta}) + \frac{1}{2} \log(2\pi \sigma^2).$$

結果的に，次の問題と LASSO は，チューニングパラメータを適当に取り直すことで，同値の問題となる：

$$L_{\mathrm{KL}}(\boldsymbol{\beta}; \lambda) = L_{\mathrm{KL}}(\boldsymbol{\beta}) + \lambda \sum_{j=1}^p |\beta_j|,$$
$$\hat{\boldsymbol{\beta}} = \arg\min_{\boldsymbol{\beta}} L_{\mathrm{KL}}(\boldsymbol{\beta}; \lambda).$$

ここで一つ重要な注意をしておこう．相互エントロピーに基づいた考え方であれば，σ を未知のまま，パラメータを $\boldsymbol{\theta} = (\boldsymbol{\beta}^T, \sigma)^T$ として，尺度 σ を同時推定することも可能と想像できる．

KL 相互エントロピーは外れ値に弱いことが知られている．これをガンマ・相互エントロピーに変えることで，外れ値に強い推定が可能になる．回帰モデル $f(y|\boldsymbol{x}; \boldsymbol{\theta})$ に対するガンマ・相互エントロピーの経験推定は以下で与えら

れた：

$$L_\gamma(\boldsymbol{\theta}) = -\frac{1}{\gamma}\log\left\{\frac{1}{n}\sum_{i=1}^n f(y_i|\boldsymbol{x}_i;\boldsymbol{\theta})\right\} + \frac{1}{1+\gamma}\log\left\{\frac{1}{n}\sum_{i=1}^n \int f(y|\boldsymbol{x}_i;\boldsymbol{\theta})dy\right\}.$$

KL 相互エントロピーの場合と比較して，罰則付き尤度と，その最小化による推定値は，次のように考えることができる：

$$L_\gamma(\boldsymbol{\theta};\lambda) = L_\gamma(\boldsymbol{\theta}) + \lambda\sum_{j=1}^p |\beta_j|,$$
$$\hat{\boldsymbol{\theta}} = \arg\min_{\boldsymbol{\theta}} L_\gamma(\boldsymbol{\theta};\lambda).$$

この推定値 $\hat{\boldsymbol{\theta}}$ を得るための数値アルゴリズムは，7.2.1 項で説明した MM アルゴリズムと，上述した座標降下アルゴリズムを組み合わせることによって，構築できる．その数値アルゴリズムはロス関数 $L_\gamma(\boldsymbol{\theta};\lambda)$ を単調に減少させる．詳しくは Kawashima and Fujisawa (2016) を参照されたい．R のパッケージとして gamreg も提供されている．

gamreg: R パッケージ

ここで，実データ解析の結果（表 11.1）を，簡単に紹介したい（詳細は Kawashima and Fujisawa (2016) を参照されたい）．Affymetrix HG-U133A Chip で得られた遺伝子発現データに対して回帰モデルを当てはめた．標本数は $n = 59$ で遺伝子数は $p = 22{,}283$ である．提案手法とともに，LASSO, Robust LARS (RLARS), sparse LTS (sLTS) という手法も適用した．評価指標としては，通常の平均二乗誤差ではなく，ある意味でロバスト化された平均二乗誤差の平方根のである Root Trimmed Mean Squared Prediction Error (RTMSPE) の予測版を使った．表 11.1 から見て取れるように，提案手法の RTMSPE が最も小さい．また，RTMSPE が小さい中で，選択した説明変数の数も，最も小さい．

表 **11.1** 遺伝子発現データに対する回帰手法の比較

手法	RTMSPE	$\hat{p}$
LASSO	1.058	52
RLARS	0.936	18
sLTS	0.721	33
提案手法 ($\gamma = 0.1$)	0.679	29
提案手法 ($\gamma = 0.5$)	0.700	30

$\hat{p}$: 選ばれた説明変数の数

11.2 ロバストかつスパースなグラフィカル・モデリング

多次元確率変数 $\boldsymbol{X} = (X_1,\ldots,X_p)^T$ があったとしよう.確率変数 X_j と $X_k (j < k)$ が,そのほかの確率変数

$$\boldsymbol{X}_{-j,-k} = (X_1,\ldots,X_{j-1},X_{j+1},\ldots,X_{k-1},X_{k+1},\ldots,X_p)^T$$

グラフィカル・モデリング

を与えた下で条件付き独立であるとき,二つの確率変数 X_j と X_k には関係がないと考え,条件付き独立でないときは関係があると考える手法を,**グラフィカル・モデリング** (graphical modeling) という.図 11.1 は簡単な例である.線が直接にない場合は条件付き独立である.たとえば,X_1 と X_3 には直接の線がないので,条件付き独立である.実際に,X_2 を取り除くと,X_1 と X_3 は繋がっていない.グラフィカル・モデリングに関しては,たとえば,宮川 (1997) を参照されたい.

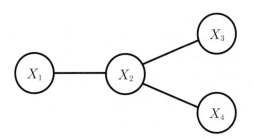

図 11.1 グラフィカル・モデリング

多次元確率変数 $\boldsymbol{X} = (X_1,\ldots,X_p)^T$ が正規分布に従っている場合を考えよう.X_j と $X_k\ (j < k)$ が $\boldsymbol{X}_{-j,-k}$ を与えた下で条件付き独立であることと,分散行列 Σ の逆行列 $\Omega = \Sigma^{-1}$ の (j,k) 成分 ω_{jk} に対して $\omega_{jk} = 0$ であることが同値であることが知られている.そこで,ω_{jk} が 0 であるかどうかで,条件付き独立であるかどうかを同定できる.データに基づいて,これを実行する代表的な手法は二つある.一つは,仮説 $H : \omega_{jk} = 0$ を検定する手法であり,もう一つは,11.1 節で現れたように,推定値を 0 としやすいスパース推定に基づいて,パラメータ推定値が 0 かどうかで,条件付き独立かどうかを推測する手法である.ここでは後者を考える.11.1 節と同様に考えると,ロス関数は次を利用できる:

$$L_{\mathrm{KL}}(\boldsymbol{\theta}) = -\frac{1}{n}\sum_{i=1}^{n}\log\phi(\boldsymbol{x}_i;\boldsymbol{\mu},\Omega^{-1}) \qquad (\boldsymbol{\theta}=(\boldsymbol{\mu},\Omega)).$$

$$L_{\mathrm{KL}}(\boldsymbol{\theta};\lambda) = L_{\mathrm{KL}}(\boldsymbol{\theta}) + \lambda\sum_{j\neq k}|\omega_{jk}|.$$

$$\hat{\boldsymbol{\theta}} = \arg\min_{\boldsymbol{\theta}} L_{\mathrm{KL}}(\boldsymbol{\theta};\lambda).$$

この問題は **graphical lasso** (glasso) と呼ばれていて，パラメータ推定値を求めるアルゴリズムも提案されている (Friedman *et al.*, 2008)．

graphical lasso

上記の手法をロバスト化するには，やはり，11.1 節と同様に考えればよい．KL ダイバージェンスの部分をガンマ・ダイバージェンスに置き換えればよい：

$$L_\gamma(\boldsymbol{\theta}) = -\frac{1}{\gamma}\log\left\{\frac{1}{n}\sum_{i=1}^{n}\phi(\boldsymbol{x}_i;\boldsymbol{\mu},\Omega^{-1})\right\} + \frac{1}{1+\gamma}\log\int\phi(\boldsymbol{x};\boldsymbol{\mu},\Omega^{-1})\,d\boldsymbol{x},$$

$$L_\gamma(\boldsymbol{\theta};\lambda) = L_\gamma(\boldsymbol{\theta}) + \lambda\sum_{j\neq k}|\omega_{jk}|,$$

$$\hat{\boldsymbol{\theta}} = \arg\min_{\boldsymbol{\theta}} L_\gamma(\boldsymbol{\theta};\lambda).$$

このパラメータ推定値を求めるためのアルゴリズムは，MM アルゴリズムの考え方と glasso の考え方を組み合わせて構築することができる．詳しくは Hirose *et al.* (2016) を参照されたい．R のパッケージとして `rsggm` も提供されている．

rsggm: R パッケージ

ここで，実データ解析の結果（図 11.2）を，簡単に紹介したい（詳細は Hirose *et al.* (2016) を参照されたい）．11 個の遺伝子に対して遺伝子発現データが 455 個得られていた．このデータに基づいて遺伝子ネットワークを同定したい．この遺伝子集団には，真の遺伝子ネットワークが知られていて，ポイントは，左側の遺伝子 6 個と右側の遺伝子 5 個は，独立な集団と考えられる点である．図 11.2 は，代表的な graphical lasso と，上記の提案手法 (γ-lasso) と，過去に提案されたロバストでスパースなグラフィカル・モデリングのいくつかの手法による結果である．チューニングパラメータ λ に関しては，遺伝子と遺伝子を繋ぐ線が 10 本の場合と 15 本の場合で選んでいる．二つのグループを繋ぐ線が現れていないのは，γ-lasso だけである（論文には記述しているのだが，実は，データには，少なくとも 10% 程度の外れ値が存在すると考えられた）．

Hirose *et al.* (2016) では，その他にも面白い数値例を載せている．ROC や MSE の観点から，上述のいくつかの手法を圧倒している．それまでに外れ値が 11 個だと思われていたデータから，さらに 2 個の外れ値を発見してい

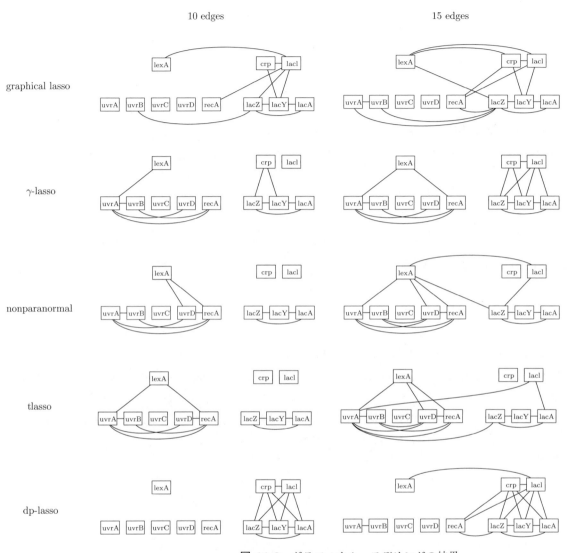

図 11.2 グラフィカル・モデリングの結果

解パス   　　る．スパース推定の分野では，**解パス** (solution path) という重要なカーブがあるのだが，外れ値が混入している全データに対して γ-lasso を適用した解パスと，外れ値を取り除いたきれいなデータに glasso を適用した解パスが，驚くほど似ていることを提示している．これは，γ-lasso が，外れ値を自動的に無視した理想的なデータ解析をしていることを意味している．

参考文献

本書と非常に関係の深い本は下の二冊である．最初の本 [1] は，著者が統計数理研究所の公開講座で「ロバスト統計」の講義を行う際に，思い描いていた構成と非常に似ていたので，大いに参考にさせていただいた．ただ，ランクに関わる話が，この本には載っていなかったため，それに関しては二冊目の本 [2] を参考にさせていただいた．

[1] Maronna, R. A., Martin, R. D., and Yohai, V. J. (2006). *Robust Statistics: Theory and Methods.* John Wiley & Sons, New York.

[2] Lehmann, E. L. (2006). *Nonparametrics: Statistical Methods Based on Ranks.* Springer.

本書を読んでいて基礎力が足りないかもしれないと思われた読者は，著者の書いた次の本を勉強されるとよいと思う．統計的推測に関わる数理的な基礎力を身に付けるのに役に立つと思う．

[3] 藤澤洋徳. (2006). 『確率と統計』. 朝倉書店.

漸近理論に関しては次の本がお薦めである．

[4] van der Vaart, A. W. (1998). Asymptotic Statistics. Cambridge University Press.

これから後の文献は，すべて，研究レベルの内容に関わる第 10 章と第 11 章に登場する文献である．

[5] Amari, S.-I. and Nagaoka, H. (2007). *Methods of Information Geometry.* American Mathematical Society.

[6] Basu, A., Harris, I. R., Hjort, N. L., and Jones, M. (1998). Robust and efficient estimation by minimising a density power divergence. *Biometrika* **85**, 549–559.

[7] Eguchi, S. and Kano, Y. (2001). Robustifing maximum likelihood estimation by psi-divergence. *ISM Research Memorandam* No. 802.

[8] Friedman, J., Hastie, T., Höfling, H., and Tibshirani, R. (2007). Pathwise

coordinate optimization. *The Annals of Applied Statistics* **1**, 302–332.

[9] Friedman, J., Hastie, T., and Tibshirani, R. (2008). Sparse inverse covariance estimation with the graphical lasso. *Biostatistics* **9**, 432–441.

[10] Fujisawa, H. (2013). Normalized estimating equation for robust parameter estimation. *Electronic Journal of Statistics* **7**, 1587–1606.

[11] Fujisawa, H. and Eguchi, S. (2008). Robust parameter estimation with a small bias against heavy contamination. *Journal of Multivariate Analysis* **99**, 2053–2081.

[12] Hirose, K., Fujisawa, H., and Sese, J. (2016). Robust sparse gaussian graphical modeling. *arXiv* 1508.05571.

[13] Kanamori, T. and Fujisawa, H. (2014). Affine invariant divergences associated with proper composite scoring rules and their applications. *Bernoulli* **20**, 2278–2304.

[14] Kanamori, T. and Fujisawa, H. (2015). Robust estimation under heavy contamination using unnormalized models. *Biometrika* **102**, 559–572.

[15] Kawashima, T. and Fujisawa, H. (2016). Robust and sparse regression via γ-divergence. *arXiv* 1604.06637.

[16] Tibshirani, R. (1996). Regression shrinkage and selection via the lasso. *Journal of the Royal Statistical Society. Series B* **58**, 267–288.

[17] 宮川雅巳. (1997). 『グラフィカルモデリング』. 朝倉書店.

索　引

【欧文】
density power divergence, 127
gamreg, 153
graphical lasso, 155
LASSO, 151
rsggm, 155

【あ行】
アンサリ–ブラッドレイ検定, 77
一致性, 102
陰関数の定理, 114
ウィルコクソンの順位和検定, 69
ウィルコクソンの順位和統計量, 68
影響関数, 97
S 推定値, 46
MM アルゴリズム, 85
M 推定, 15
M 推定方程式, 15
エントロピー, 125

【か行】
解パス, 156
核関数, 15
刈り込み平均, 7
カルバック–ライブラー・ダイバージェンス, 105
感度, 91
ガンマ・ダイバージェンス, 130
グラフィカル・モデリング, 154
コルモゴロフ–スミルノフ検定, 78

【さ行】
再下降, 20
最小共分散行列式推定, 61
最小絶対偏差法, 45
最小体積楕円体推定, 61
最尤推定量, 15
座標降下アルゴリズム, 152
シーゲル–テューキー検定, 76
四分位, 12
四分位範囲, 12

順序統計値, 6
推定方程式の不偏性, 33
スコア関数, 107
スティルチェス積分, 93
正則条件, 104
漸近正規性, 102
漸近相対効率, 8
漸近的性質, 101
漸近理論, 101
潜在バイアス, 94
相互エントロピー, 125

【た行】
大数の法則, 101
ダイバージェンス, 123
中央絶対偏差, 11
中央値, 6
中心極限定理, 102

【な行】
二乗誤差刈り込み平均最小化法, 45
二乗誤差中央値最小化法, 45

【は行】
破局点, 99
外れ値, 1
ピタゴリアン関係, 134
標本標準偏差, 10
標本分散, 10
標本平均, 1
フィッシャー情報行列, 108
フィッシャー情報量, 105
ブレッグマン・ダイバージェンス, 128
ベキ密度ダイバージェンス, 127
母集団レベルの感度, 94
ホッジス–レーマン推定値, 9

【ま行】
マスク効果, 13
マン–ホイットニー統計量, 70

【ら行】

ランク統計量, 67
連続補正, 72
ロス関数, 16
ロバスト検定, 3
ロバスト推定, 3
ロバスト統計, 3

著者紹介

藤澤　洋徳（ふじさわ　ひろのり）
統計数理研究所教授
1988 年　大分県立大分上野丘高等学校卒業
1992 年　広島大学理学部数学科卒業
1997 年　広島大学大学院理学研究科数学専攻修了 博士（理学）取得
1997 年　東京工業大学大学院情報理工学研究科数理・計算科学専攻助手
2001 年　統計数理研究所助教授
2013 年より現職

主な著書
『確率と統計』（朝倉書店，2006 年）

ISM シリーズ：進化する統計数理 6
ロバスト統計
—外れ値への対処の仕方—
Ⓒ 2017 Hironori Fujisawa
Printed in Japan

2017 年 7 月 31 日　初版第 1 刷発行

著　者　　藤　澤　洋　徳
発行者　　小　山　　透
発行所　　株式会社　近代科学社
〒 162-0843　東京都新宿区市谷田町 2-7-15
電 話 03-3260-6161　振 替 00160-5-7625
http://www.kindaikagaku.co.jp

藤原印刷　　ISBN978-4-7649-0542-9
定価はカバーに表示してあります．

ISMシリーズ: 進化する統計数理

The Institute of Statistical Mathematics

統計数理研究所 編

近代科学社の本

1 マルチンゲール理論による統計解析

編集委員：樋口知之・中野純司・丸山 宏
著者：西山陽一
B5変型判・184頁・定価（本体3,600円 ＋税）

2 フィールドデータによる統計モデリングとAIC

編集委員：樋口知之・中野純司・丸山 宏
著者：島谷健一郎
B5変型判・232頁・定価（本体3,700円 ＋税）

3 法廷のための 統計リテラシー
―合理的討論の基盤として―

編集委員：樋口知之・中野純司・丸山 宏
著者：石黒真木夫・岡本 基・椿 広計・宮本道子・
　　　弥永真生・柳本武美
B5変型判・216頁・定価（本体3,600円 ＋税）

4 製品開発ための統計解析入門
―JMPによる品質管理・品質工学―

編集委員：樋口知之・中野純司・丸山 宏
著者：河村敏彦
B5変型判・144頁・定価（本体3,400円 ＋税）

5 極値統計学

編集委員：樋口知之・中野純司・川崎能典
著者：高橋倫也・志村隆彰
B5変型判・280頁・定価（本体4,200円 ＋税）

バイオ統計シリーズ 全6巻

編集委員　柳川 堯・赤澤 宏平・折笠 秀樹・角間 辰之

近代科学社の本

1 | バイオ統計の基礎
－ 医薬統計入門 －
著者：柳川 堯・荒木 由布子
A5 判・276 頁・定価 3,200 円＋税

2 | 臨床試験のデザインと解析
－ 薬剤開発のためのバイオ統計 －
著者：角間 辰之・服部 聡
A5 判・208 頁・定価 4,000 円＋税

3 | サバイバルデータの解析
－ 生存時間とイベントヒストリデータ －
著者：赤澤 宏平・柳川 堯
A5 判・188 頁・定価 4,000 円＋税

4 | 医療・臨床データチュートリアル
－ 医療・臨床データの解析事例集 －
著者：柳川 堯
A5 判・200 頁・定価 3,200 円＋税

5 | 観察データの多変量解析
―疫学データの因果分析―
著者：柳川 堯
A5 判・244 頁・定価 3,600 円＋税

6 | ゲノム創薬のためのバイオ統計
－ 遺伝子情報解析の基礎と臨床応用 －
著者：舘田 英典・服部 聡
A5 判・224 頁・定価 3,600 円＋税

近代科学社の人工知能関連書

アンサンブル法による機械学習 ―基礎とアルゴリズム―
著者：Zhi-Hua Zhou
訳者：宮岡 悦良・下川 朝有
菊判・260 頁・4,200 円 + 税

超実践 アンサンブル機械学習
著者：武藤 佳恭
B5 変型判・128 頁・本体 2,700 円 + 税

Ruby で数独 ―AI プログラミング入門―
著者：佐藤 理史
B5 変型判・128 頁・本体 2,400 円 + 税

人工知能とは
監修：人工知能学会
編著：松尾 豊
共著：中島 秀之・西田 豊明・溝口 理一郎・長尾 真・
　　　堀 浩一・浅田 稔・松原 仁・武田 英明・池上 高志・
　　　山口 高平・山川 宏・栗原 聡
A5 判・264 頁・定価 2,400 円 + 税

シンギュラリティ ―限界突破―
編著：NAIST-IS 書籍出版委員会
A5 判・336 頁・2,500 円 + 税

深層学習 Deep Learning
監修：人工知能学会
編集：神嶌 敏弘
共著：麻生 英樹・安田 宗樹・前田 新一・岡野原 大輔・
　　　岡谷 貴之・久保 陽太郎・ボレガラ ダヌシカ
A5 判・288 頁・定価 3,500 円 + 税

知能の物語
著者：中島 秀之
公立はこだて未来大学出版会 発行
B5 変型判・272 頁・定価 2,700 円 + 税

一人称研究のすすめ ―知能研究の新しい潮流―
監修：人工知能学会
編著：諏訪 正樹・堀 浩一
共著：伊藤 毅志・松原 仁・阿部 明典・大武 美保子・
　　　松尾 豊・藤井 晴行・中島 秀之
A5 判・264 頁・定価 2,700 円 + 税